设计的品格

品格

The
Esthetics
of
InDesign

邵昀如 著

广西师范大学出版社
·桂林·

推 荐

周如蕙
设计研究院项目经理

邵昀如老师无论是作为教师、作者还是设计创作者，都有着独特的见解及魅力。个人作品集对学生乃至社会人士来说，都是重要的筹码，能展现出个人的专业能力和特质。在阅读本书时，文字及图像能帮助读者更精确地解读和分析脉络，将信息转化成故事般的逻辑架构，让每一步都清楚且有条理，完整呈现了各个细节，具有不同层面的意义。全书重点突出，精华集结，会为读者带来满满的能量。

The
Esthetics
of
InDesign

我在给研究生上设计课时，常发现现在的同学
很有创意，但是他们有时不知如何有效地应用
创意，特别是在印刷品的排版上，文字的大小、
位置、行距、字距，以及图片的大小与位置等
的处理均不得章法。和他们交谈之后，才发现
原来同学们对于排版的基本规范并不清楚。

InDesign是当下通用的排版软件，对学习设计
的同学来说，熟悉该软件对排版的工作必定会
很有帮助。邵昀如老师的著作《设计的品格》
除了介绍InDesign排版软件的操作之外，还
利用作品集制作的实例说明了实务操作的过
程，对于设计专业学生的学习会有较大的实
质帮助。

林品章

讲座教授

曾启雄
视觉传达设计系名誉教授

个人作品集往往是设计专业学子就职或入学时投石问路的工具或敲门砖。作品集，除了展示自己的能力外，也能检验学习的成果。作品集，须在众多竞争者里突出能见度，亦须散发独特性。然而，不论能见度还是独特性，都须从基础的字体、色彩、造形、版面、打印等要素与对技术的巧妙掌握，加上视觉上的无形特质，最后方能在作品集里，综合地集结呈现。《设计的品格》一书通过邵老师的精心安排，循序渐进地说明作品集的制作要领，相信必能对设计专业学生有所帮助。

The
Esthetics
of
InDesign

创立工作室的10年间，看过不少应征者的作品集，毫不讳言，我给每本作品集自我介绍的时间总是短暂得近乎残酷。引人注目的作品集是一场"秀"，这场"秀"应该是智慧地精算过观众的心理情绪且细腻地讲好一段高潮迭起的故事，而大多数作品集却只是大杂烩。我相当乐见《设计的品格》可以导入"策划"与"编辑"的概念，带领读者通过实战与宏观的视野学习InDesign。软件工具书终于可以伴随你的设计生涯，以备随时翻阅自省，而不再只是一堆不知所云的无聊范例，永远翻不到最后一页就已经躺在回收站了。

赖佳韦
设计工作室负责人

前　言

邵昀如
Daphne Shao

"完美，没有绝对的期限；观众，没有绝对的品位；设计难分好坏，只有取舍。"

这是十多年前我在澳大利亚攻读博士时，为本书第一版所写的自序中的话。几年前，出版社提出改版计划后，我反复阅读花了四年才完成的第一本书，感到仍有不足。感谢出版社及编辑再次给我检视自己、继续学习和成长的机会。

我有一本十几年前自美国购回珍藏的图书，后来又从网络订购了此书的再版书，除了新的封面设计及新的装帧，打开新书的塑封后，翻阅内容的瞬间是失落的：身为仰慕者的读者殷殷期待的再版书，本应该是可以帮助读者追随作者升级再成长的。所以，将心比心，这次的改版就像废掉不足的功夫然后重练，也认真揣摩了读者学习的旅程，因而我重新调整章节，将重点放在实践设计教育中重要的理念——在做中学习。因此，我花了一年多，从访谈到带领学生完成作品集，终于完成了本书。

为何是完成作品集？在学校学习的终点就是为下一次升学或就业做准备，而作品集就是整合阶段性学习最好的练习。若邀约知名设计师为本书提供作品集范例，应该比自己创

作轻松，同时也可快速提升本书的美感，但坊间介绍作品集制作流程的书很少，美感可以培养，但须通过制作过程才能转化成自身经验，而这也是设计教育者可以努力的目标。我选择用一年带领六位学生，从规划、讨论到制作，经历了反复修改的设计流程，实践了另一个学习中的宝贵方法——在错中学习。

匈牙利插画家伊斯特万·巴尼亚伊(Istvan Banyai)的经典插画书《变焦》(Zoom)中，描绘的每一个画面中的人、事、物、景，其实都是下一页故事的伏笔缩图。生命中的所有成全，不也处处都是伏笔？我在咨询工业策进会认识了电子书老师黄震中，特别邀请他帮本书写了专栏；由黄老师引荐给我的字嗨版主热情分享了字体专业知识；而在咖啡厅里，柯志杰先生给本书字体单元又增加了一课。本书受访的其他专业设计师或厂商，也都是经由朋友或学生介绍而来的。

贝塞尔曲线起始的锚点，若未联结另一个锚点则无法成形，人生的关键点，若没连到另一个关键点也无法累进。10年前，我开始写书的起点，同时也是我博士生涯的开始，10年后写书阶段性完成，巧合的是我的博士学业也完成了。

完成是仪式，不是真的结束，而是新的开始。生命总在未知与懵懂中，或交织或平行地前进着，凡事努力尽心，过程即使崎岖，也令人欣慰。

"花若盛开，蝴蝶自来，你若精彩，天自安排。"尔后，我若不在邵导办公室，就是已经踏上另一段学习旅程。

谨以此书献给我挚爱的母亲、父亲，爱如影随形，不曾远离；也献给我此生最重要的两位室友维冠Eden和若珩Zoe，还有我的家人、朋友，以及成就我的所有缘分。

The
Esthetics
of
InDesign

A

目　录

02 / 视觉的创意

The
Esthetics
of
InDesign

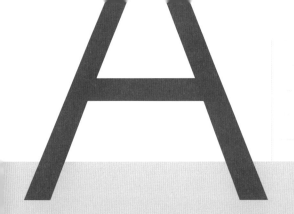

03／编辑整合

The
Esthetics
of
InDesign

04 / 编辑应用

The
Esthetics
of
InDesign

导　读

排版设计软件经历了一段长时间的更新换代，从年代久远的QuarkXpress或PageMaker，到现在的InDesign，作者于求学及就业期间也经历了改变与转换带来的阵痛。而目前的InDesign无疑是制作出版物最好的排版编辑软件，但用户必须要有学习的动力才能发现它的所有优点。

本书将InDesign的学习步骤规划为四个章节。"设计基础"不只提供了软件入门知识，更介绍了相关设计流程。除印前电脑制作阶段，还涵盖策划、设计、印前、印中及印后等阶段，并通过设计师的访谈解析编辑工作中的常见问题，帮大家建立成书过程的基本概念。

InDesign并不只是专业排版软件，其处理图片及影像的功能也十分强大。"视觉的创意"一章教会大家如何使用InDesign玩转文字、绘图及影像特效，直接制作出版面所需的丰富的设计元素。

"编辑整合"一章则通过一些案例引导大家认识 InDesign 的编辑排版工作。但在进入印前编辑之前，会先协助读者了解配色方案、版面结构、版面韵律节奏等设计概念。软件只是设计的工具，唯有好的设计观念才能提升设计的价值。

"编辑应用"一章带领读者在作品集规划、作品整理、印前及印后等环节进行整合性的应用练习。作品集非常实用，不论对升学还是就业都有助益，因为这是最能表现个人专业能力的履历表。我花了一年，带领六位没有制作过作品集的同学，一同实践了前三章的所有流程，并将过程切实记录下来，与大家分享同学们在制作过程中所犯的错误。在InDesign的学习中，所有成功或失败的经验皆值得回味。

整本书的四章呈现了循序渐进的教学内容，希望大家依照我们所安排的步骤，开心地学习排版设计！

01

设计基础

"第1讲 设计工作流程"除了分享自身工作经验外，还特别增加了我与印刷专家及新一代设计师的访谈内容，从不同角度分享排版设计流程的丰富性。"第2讲 InDesign 快速上手"通过 InDesign 的工作区、InDesign排版设计的基本流程（从新建至保存结束工作）、首选项、Adobe Bridge 以及参考线与智能参考线来帮助你快速认识InDesign。"第3讲 InDesign工具概念介绍"则会告诉你工具运用的具体细节，包含工具箱、菜单栏、控制面板及浮动面板。

第1讲
设计工作流程

从最初的设计构思到最后的结案流程大致可分为以下几步：策划、设计、印前（此为本书重点）、印中以及印后阶段。平面设计师有时不会参与策划，只参与设计及印前、印后流程，但每个项目仍有差异。在设计、印前完成后，设计师可通过网络传送最终文件给印刷厂进入印刷流程。

事实上，设计、印前、印后阶段充满挑战，即使是有经验的设计师也须在印中与印后阶段做好充分的沟通甚至制作打样，这样才可以确保作品符合自己的期待。

经营印刷厂快30年的师傅也向我们表示，即便是经验丰富的设计师也会在不同项目中遇到文档、色彩、纸质、装订等方面的挑战，这些都要仰赖之前的经验才能避免错误并解决问题。对资深设计师而言，从每个项目汲取经验是维持作品水平的关键，尤其是在挑战创新的印制手法时，必须与印刷厂进行印前及印后的密切沟通。设计师与专业的印务人员须经过无数次的磨合才会产生默契。

一般设计系的学生在准备作业时，大多是将文档送到专业的数码打印店或请印刷厂以"一条龙"的方式制作成品，无法掌控最后的印制质量。此外，数码打印店有时会直接帮忙修改文档或解决文档缺失的问题，学生无法从错误中累积经验，因而缺乏正确制作文档的概念，所以会发生文档不完整、字体遗失、CMYK色彩设定错误、无出血及偏色等问题。

这次特别邀约设计师、字体专家、印刷厂工作人员进行访谈，由不同专业人士分享经验，介绍每个项目的异同，其中包含概念构思和媒介运用。这些都是十分宝贵的设计知识。

现在，跟着我们采访的脚步，更深入地认识排版设计工作吧。

1.1 策划流程

第1步 | 文案策划

文案策划包含文案和标题的撰写。大型公司会聘任具有广告、语言或传媒背景的文案人员，搭配视觉设计师一同进行文案策划。有时文案策划也由客户进行。现在越来越多的设计师也具备了文案策划的能力。

第2步 | 专案策划

专案策划包含客户需求、经费预算和执行进度规划。

01 | 客户需求

了解客户的需求对策划来说是很重要的。比如，设计品的用途是什么？受众是谁？设计品的表现形式与材质如何？呈现什么样的设计风格？在与客户沟通的过程中，应尽量提供视觉范例，如过去操作的案例或他人的设计范例，这样可以缩减沟通的时间及想象落差。若只通过语言及文字沟通很容易产生认知上的差异。

02 | 经费预算

很多理想的设计需要投入大量的成本，好的专案策划须依客户提出的预算来决定设计的素材与呈现方式。比如，图片是采用高价格的专业摄影图像，还是使用较省预算的图库图片？若预算还包含印制费，则需要在一开始规划时就与印刷厂进行沟通，不同的纸张、印法、印数及加工方法等价格相差很大，这些皆须在印前仔细评估。

03 | 执行进度规划

包括摄影对象的选择、接洽或场地租赁，均须与印中、印后厂商在时间上配合，并在策划过程中一并纳入。

第3步 | 设计策划

设计策划包含设计风格、工作团队、配色方案和提案。

01 | 设计风格

这部分须考虑客户的产业属性及销售目的等才能进行规划。设计的品位固然重要，但设计也算是一种服务，关于表现风格与客户需求等方面必须事前做好沟通。

02 | 工作团队

找到适合的文案、摄影师、插画师甚至印务人员，可以达到事半功倍的效果。当然，人事等经费相差也很大，这些也是影响设计素材取得的主要因素。

03 | 配色方案

色彩是初步策划中的重要工作，必须依据客户形象、产业属性或季节等因素进行考虑。

04 | 提案

这是设计师向客户传达设计理念相当重要的步骤，需要利用大量的视觉表现，如效果图、模型、打样和简报。以笔者过去的经验，每次的提案并不会提供太多选择（2~3个提案）。过多的方案容易导致失焦，让客户无法做出明确的决定。

TIPS

小贴士：

完美提案的妙方

素材准备

随时拿起你的相机，从日常生活中获取图像素材。如温暖的午后顶楼花园的盆栽，或是某趟旅行中擦身而过的行人。提案的图像也可以通过免费或付费的图片库获得。在经费允许的状态下，也可请专业的人像或产品摄影师进行拍摄，以便更符合画面的需求。若有些图像素材无法获得，也可以通过绘画来展示。

视觉模拟

提案时须呈现设计风格，笔者习惯用两种对比的形式来进行。对比是针对主题或色彩或表现形式进行不同的构思。

提案时，一定要通过图像来呈现，文字只是辅助。尽可能制作素材进行展示，通过合成或打样，将最终设计的形式模拟出来，提供客户设计的尺寸、形式等概念才可以形成共识。

打样

除了要表现设计的真实性外，也可以当作试探客户潜力的一种实验。有时候保守的客户也许想要有所突破但不自知，设计师可以使用各种素材"打样"，如加入部分手工质感或改变固定开数。也许客户在这次提案中并不会选择新的尝试，但至少可以通过提案慢慢给他们其他的启发，也许下次就会选择新的尝试。

1.2 印前作业

第1步 │ 印前准备

此为本书的主轴，包含电脑软件、视觉元素、格式设定和导出。

01 │ 电脑软件

主要使用Adobe软件产品套装中的矢量图形绘图软件Adobe Illustrator、图像处理软件Adobe Photoshop、排版软件Adobe InDesign和文件管理软件Adobe Bridge。

02 │ 视觉元素

文字、形状及图像的制作（请参考"视觉的创意"一章）。

03 │ 格式设定

版面设定、色彩设定、样式设定、主页设定（请参考"编辑整合"一章）。

04 │ 导出

文件格式、其他媒体应用（请参考"设计基础""编辑应用"两章）。

第2步 │ 印制策划

包含规划制作物的开本、页数、装帧形式、纸张、预算等。

成品最后的质感与效果才是成功设计的关键。印中与印后须仰赖印刷厂师傅的经验与耐性，才能把握最后呈现的效果。大多数印刷厂都有印务人员，找到对印制及设计皆有概念的印务人员帮设计师估价，才足以应付印刷与设计的各种冲突并获得好的建议。许多资深设计师本身也具备印制方面的相关知识，可以自主掌握从设计到印制的全流程。

印刷厂也可在印制前依设计师所选的纸样，装订出一本无印刷内容，但实际材质、页数及装订方式都与真书无二的假书，也称为"白样"，供设计师了解真实的印刷品厚度与质感以便调整，提高最终成品的精准度。

1.3 印中流程

第1步 │ 打样

打样，是印刷品进入正式印刷前先试印的样本，供设计师校正色彩及确认内容。印刷方式有主流的数码打样及逐渐式微的传统打样。数码打样既快速又合乎成本要求，是目前主流的选择，但使用的彩色墨水与印制的油墨色彩相差较大，且可供选择的打样的纸张种类较少，与实际印刷的差异较大，因此，对色彩的校正更显重要。传统打样是使用与印刷时相同的纸张及油墨进行试印，是最接近印刷成品的打样方式，但因制版及人工印制等成本较高，已逐渐被数码打样取代。

第2步 │ 校对回样

校对回样，须确认好样本，并做上修改标注，回复给印刷厂。一般而言，设计师发现打样的颜色不如预期时，会亲自前往印刷厂校正色彩，希望能使印刷色彩接近自己的需要。若无法亲自到现场，需要仔细检查打样的内容及色彩，并清楚标记更正的项目，再回样给印刷厂进行后续的印制。设计师可以要求第二次打样，但须仔细评估因打样所产生的成本。

TIPS

小贴士:

什么是网线数？

网线数（LPI），即lines per inch，是指印刷品在每一英寸内印刷线条的数量，网线数越多，就越适合选择平滑度高的纸张，这样可使印刷的色彩层次更分明，能让涂布纸呈现出较为细腻的印刷质感。

在此提供不同纸张的网线数：轻涂纸的印刷网线数约为175线；模造纸的印刷网线数在150线以下；报纸的印刷网线数约为54-72线；铜板纸印刷网线数在200线以上。

别分不清楚LPI与DPI

学生在使用设计软件时，会经常听见"DPI"，这是"Dots Per Inch"的首字母缩写，是指图像的分辨率，通常用于设定图像文件的分辨率。

第3步│印刷

印刷，就是后端的印制流程。传统印中流程包含收稿、修脏点、制作小版、看样、组大版、出网片、印刷；数码印中流程则包含收稿、数码打样、看样、组大版（激光直接喷版，不再出网片）、印刷。

其实，印刷的整体流程变化不大，反倒是印刷品的纸张选择不太一样。常用的传统印刷纸张主要有两大类：第一类是非涂布纸（Uncoated Paper），如模造纸、道林纸，但因纸面粗糙，油墨不易显色，给人印刷不够精美的印象，常被用在成本较低的印刷品中，如报纸、漫画书籍等；另一类为涂布纸(Coated Paper)，如铜版纸，纸面细致、光滑，印刷后色彩饱和度高，但亮面反光的感觉常会给人商业化的感觉（且涂布也不环保）。

现在，更多人选择轻涂纸（Light Weight Coated Paper；LWC），这是介于非涂布及涂布纸之间的纸，既能保持色彩的饱和度又不过度反光，是目前设计师较为喜欢的选择。轻涂纸大多印有森林管理委员会认证环保FSC标志，既环保又具美观性。

在这个章节中，笔者特地拜访了两位资深印刷专家。他们与我们分享了印中、印后的注意事项，补足了设计系学生对于印刷后端的认知。在此十分感谢博创印艺童光印先生及尚佑印刷洪铭佑先生的诚恳讲解。

图1-1 尚佑印刷洪铭佑先生（右）及印务邱涓潋小姐（左）正详细解说何为特殊装帧

图1-2 参观博创印艺并与童光印先生（左一）进行对谈，学习印刷专业知识

1.4 印后流程

第1步 | 表面加工

01 | 上光
有局部上光、亮面PP、雾面PP、磨砂、发泡、有色局部光，还有最近流行的上水性油的处理方式。

02 | 烫金
烫金色膜有金、银、黑、白等60多种颜色。

03 | 击凸
浮雕效果须选择展韧性好的纸张，用凸凹模进行加工。

04 | 压纹
公版纹路可挑选，如需特殊纹路可自行开版，但费用不菲。

第2步 | 裁切装订

01 | 模切
可分全雕、半雕，类似镂空。模切的加工须有刀模方可进行，若是少量印刷，则会用割盒机取代模切，不过，割盒机切割的边界较粗糙。

02 | 折纸
有包折、弹簧折、开门折、十字折、平行对折等。

03 | 装订
有胶装、锁线胶装、裸脊锁线、骑马订、活页装、经书折、平装、精装、软精装、铜扣精装等。

图1-3 庆威胶装骑马订装订厂全体员工

| 设计师的工作流程

彭星凯

张溥辉

何婉君

罗兆伦

周芳伃

在第1讲中提及的流程包含策划设计、印前、印中以及印后阶段。设计是充满创意与想象力的专业，在流程中，策划和设计是设计师最容易掌握的部分，完成设计之后，就会进入设计师与印刷团队配合的阶段。事实上，印刷并不是接在设计完成后的阶段，在设计的最初阶段及过程中，就必须仔细地规划了，这样才不至于使设计与成品出现落差。因此，本章将通过与设计师的对谈，分享他们的设计经验，了解他们如何操作设计的完整流程，其中包含从策划到印后的全部过程。让我们一起看看设计师从何开始介入吧。

这五位年轻设计师分别身处不同的出版设计领域：专精于书籍与包装设计的彭星凯，从事书籍封面、装帧及展演活动主视觉设计的张溥辉，以品牌设计为核心的何婉君，擅长活动类型项目设计的罗兆伦及摄影、SOHO设计师周芳伃。让我们一同来了解他们是如何策划自己的作品，将平面的思维拉成实体的成品的。

一般而言，出版物的设计流程可分成四个阶段：设计策划、印前制作、印中制作及印后制作。通过以下访谈，大家可以了解每位设计师在设计过程中的思考，但因每位设计师工作流程有些许差异，所以特别为每位设计师绘制了工作流程图表，以方便读者快速抓到设计流程的重点。

彭星凯

平面设计师，空白地区工作室负责人，学学文创讲师。专精于书籍与包装设计。著有实验性文集《不想工作》、作品集《吃书的马》、设计论著《设计·Design·デザイン》(2018)

访谈：邵昀如/王昱钧　摄影：李宗谕/陈宛以

书封设计（照片提供：彭星凯）

个人作品集《吃书的马》（照片提供：彭星凯）

《折腾到底》封面设计（照片提供：彭星凯）

蒋友梅的图文诗集《浮生记行》（照片提供：彭星凯）

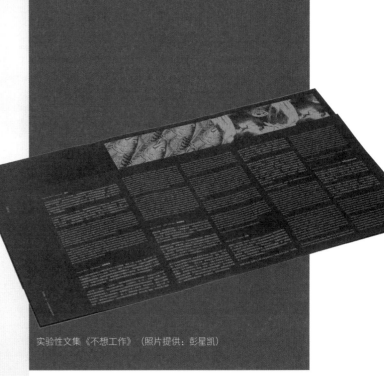

实验性文集《不想工作》（照片提供：彭星凯）

《过去是新鲜的，未来是令人怀念
封面设计（照片提供：彭星凯）

Q1 从接到设计委托到完成制作，这中间需要经历哪些步骤吗？是否包括策划、印前、印刷、印后呢？还有其他步骤吗？

我与出版社合作，大多以封面设计为主。一般来说会先收到编辑所提供的新书信息，或者说策划案，而设计师直接从制图阶段切入，之后交付印刷，确认成品与预想相符，才算是结案。

Q2 合作项目是如何进行的？是否会分设计策划、文案策划、印刷策划？您会怎么排出顺序呢？每一项策划的工作内容又会是什么呢？

在出版行业，设计师鲜少会接触"策划"这个环节，通常是由编辑主导的。有些出版社是总编辑直接指派责任编辑执行新书策划，有些出版社有营销策划部门，但仍会以编辑要如何传达这本书为核心。书的内容是固定的，而出版社要做的是挑出能够吸引读者的点。换句话说，是从书中延伸出符合它的策划，而不是将策划套用在一本书上，后者的形式经常出现在商业产品中，因为许多产品在未经包装时是没有个性的。

我目前接触的出版社都不会这样划分。策划案（即新书信息）是为了将概念交付给共事者，使其理解，所以由编辑提供给设计师是必要的。之后，再由设计师提供给编辑设计稿。在印刷端，我们很少会以策划案来说明，通常是用"印刷工务单"，在上面会详细注明纸材及加工方式。

我的进行顺序是：书稿→新书信息→文案→设计→完稿→印刷。

Q3 印前制作的主要流程是什么？会使用何种软件？是先在纸上画出排版草图再到电脑上操作，还是整个设计流程全在电脑上操作？

我会使用Photoshop、Illustrator、InDesign来完成作品。一开始会先在脑海中预设几个草图，但很少直接画出来。一来是因为草图并不准确，无法呈现最终样貌的微妙气质；二来是因为我认为对画面保有模糊的想象可以在上机操作时有更多尝试的空间。除非需要手绘或摄影的素材，否则我通常全部在电脑上完成。

Q4 会参与后端印刷、加工步骤吗？是否会对印刷材质、印刷方式、装订方式、特殊处理方式给出建议？是否会为出版社推荐合作的印刷厂？

出版社通常已有固定合作的印刷厂，我不会介入。出于销售的考虑，会由出版社决定书籍的装订方式，尤其是引进版权的图书。精装书的授权费用较平装来得高，所以无法随意改变。若是国内作者的书籍，则有比较多的变化空间，只要在预算范围内并能切合书的内容，无论是特殊处理、装订、开本，编辑都可以接受提案。

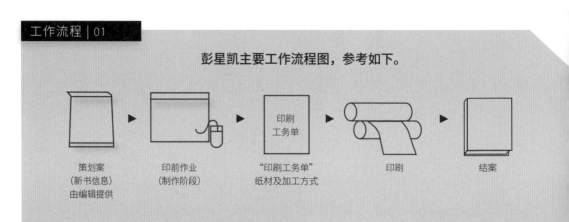

工作流程 | 01

彭星凯主要工作流程图，参考如下。

策划案
（新书信息）
由编辑提供

印前作业
（制作阶段）

"印刷工务单"
纸材及加工方式

印刷

结案

设计师问与答
Designer Q & A

张溥辉

02

平面设计师，作品曾入围东京TDC奖（东京字体俱乐部奖）。2015年"未—展览主视觉"获得金点新秀年度最佳设计奖视觉传达类金奖。从事书籍封面装帧设计、文艺表演及展演活动主视觉平面设计。

访谈：邵昀如/王昱钧　摄影：李宗谕/陈宛以

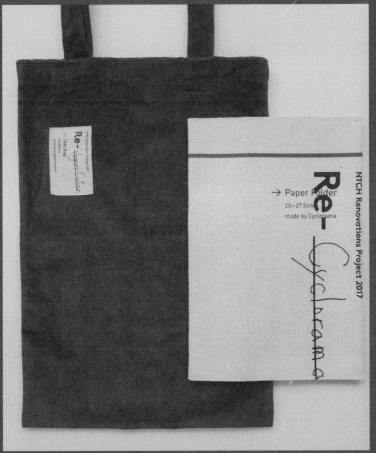

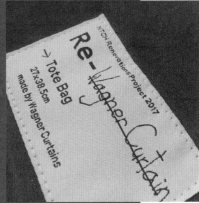

纪念手提袋
（照片提供：张溥辉）

剧场视觉/《女仆》节目册（照片提供：张溥辉）

《肉食主义》封面设计（照片提供：张溥辉）

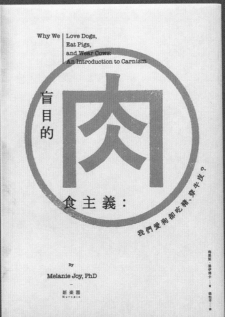

Q1 从接到设计委托到完成制作，需要经历哪些步骤？是否包括策划、印前、印刷、印后？还有其他步骤吗？

一开始，我会先阅读编辑整理好的书籍信息，若时间充裕，我会将整本书读完。接着，与编辑讨论大致的设计方向，也会一并谈及整体的装帧想法，然后就会开始设计了。之后的流程与问题中提出的顺序差不多。若成品需要特殊的印刷方式，或是复杂的加工工艺，我在印前也会与印务来回讨论，甚至打样。

Q2 合作项目是如何进行的？是否会分设计策划、文案策划、印刷策划？您会怎么排出顺序呢？每一项策划的工作内容又会是什么呢？

就我目前做过的案子，出版社的策划编辑几乎是包办所有策划、编辑项目的（佩服），同时也对印刷有着基本概念。不过，印刷的细腻工法，通常是由印务与设计师沟通再统一整合给编辑，让他们来判断能否执行（这关系着成本以及在书店平台上的呈现）。在设计策划上，大多交由设计师决定，但编辑也会有预设的方向，如开本大小，是否须制作精装等。大方向最终还是由编辑决定的。

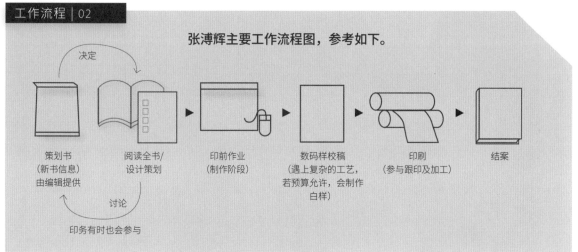

工作流程 | 02

张溥辉主要工作流程图，参考如下。

决定

策划书（新书信息）由编辑提供　　阅读全书/设计策划　　印前作业（制作阶段）　　数码样校稿（遇上复杂的工艺，若预算允许，会制作白样）　　印刷（参与跟印及加工）　　结案

讨论

印务有时也会参与

Q3 印前制作的主要流程是什么？会使用何种软件？会先在纸上画出排版草图再到电脑上操作，还是整个设计流程全在电脑上操作？

在设计书时，我就会一并考虑设计与印刷是否可行。如果编辑、印务都认为可以执行，印刷厂会在印前提供数码样来校稿、确认颜色等。若是较复杂的加工工艺，在印刷预算许可之下，会请印刷厂制作白样确认。

我通常使用Illustrator、InDesign。在设计完成后，将设计保存成印刷专用的文档给印刷厂进行印制。

Q4 会参与后端印刷、加工步骤吗？是否会对印刷材质、印刷方式、装订方式、特殊处理给出建议？是否会给出版社推荐合作的印刷厂？

如果碰到画册类的书籍，颜色讲求精准，因此在制版分色时就会参与，否则就只会参与跟印部分，到现场与印刷师傅沟通、调整墨色。若有烫金等额外工艺，也会一并确认工艺效果。

印刷方式、材质通常是跟设计构想一起决定的，当然也必须考虑到出版社的预算和上市时间（有些工艺很耗时）。印刷厂都是与出版社长期合作的印刷厂。

何婉君

访谈：邵昀如/陈宛以　摄影：李宗谕

03

CONTACT BOOK（照片提供：HOUTH）

HOUTH艺术总监。HOUTH是一个以品牌设计为核心的团队，他们有效整合创意、设计、插画、动态图像、影像等资源，为客户提供创新解决方案。作品曾被Gestalten、viction:ary、Sendpoints等出版公司以及*étapes*、*BranD*、*The T Magazine*等杂志社出版的设计图书收录。

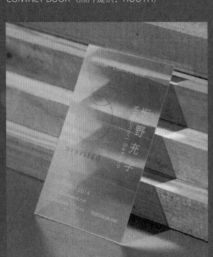

坂野充学，名片设计（照片提供：HOUTH）

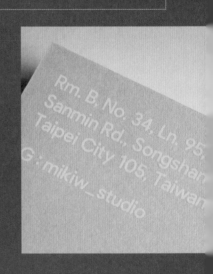

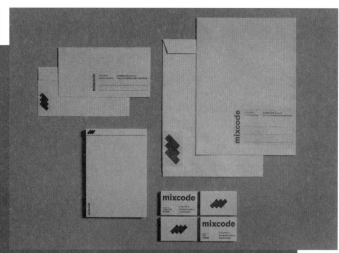

ros Coffee包装设计（照片提供：HOUTH）

mixcode混合编码工作室品牌识别更新（照片提供：HOUTH）

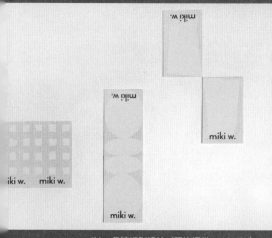

miki w.品牌识别设计（照片提供：HOUTH）

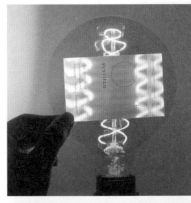

坂野充学，名片设计（照片提供：HOUTH）

Q1 合作项目是如何进行的？是否会分设计策划、文案策划、印刷策划？您会怎么排序呢？每一项策划的工作内容又会是什么呢？

有时候是客户提供策划案，有时候是我们提出策划案。策划案就是如何说出一个完整的故事，通常会先以主题内容去构思文字概念，先把范围拉得很大，再慢慢缩小、精简。接下来，会找一些可用的视觉素材，与文案策划一起将设计师的想法与概念呈现出来，整理成简报与客户沟通。在沟通内容时，也会一并谈到印刷时间及预算范围。

我的顺序是：设计→完稿→现场看样→交货确认。

Q2 印前制作的主要流程是什么？会使用何种软件？是先在纸上画出排版草图再到电脑上操作，还是整个设计流程全在电脑上操作？

在提出策划案后，我会与客户一起决定以何种风格呈现，选择最合适的表现技法。有时候是手绘，有时候是用鼠绘或板绘画出简易的草稿，再开始执行。

Q3 会参与后端印刷、加工步骤吗？是否会对印刷材质、印刷方式、装订方式、特殊处理方式给出建议？是否会为出版社推荐合作的印刷厂？

关于使用材质、印刷方式与合作的印刷厂，须视各项目内容而定，会与预算、时间、数量、印刷效果有密切关系。

为了能更接近设计构想，会采用相符的印刷方式或效果，有重点却不过度复杂。当印刷方式确认后，会向印刷厂询价并确认印刷时长，待客户评估确认后，即可发包。通常会先打数码样，请客户再次确认，正式印刷时会到印刷厂跟印，校正颜色，印刷完成后即交付给客户。

工作流程 | 03

何婉君主要工作流程图，参考如下。

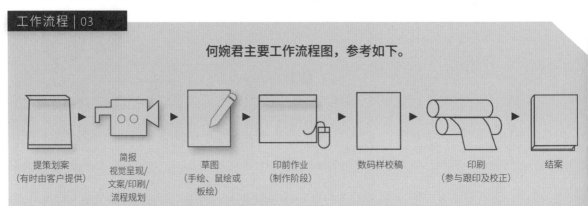

提策划案（有时由客户提供）　→　简报视觉呈现/文案/印刷/流程规划　→　草图（手绘、鼠绘或板绘）　→　印前作业（制作阶段）　→　数码样校稿　→　印刷（参与跟印及校正）　→　结案

罗兆伦

04

我們為何學術

2.8-13 Wed-Mon
台北世貿展覽一館 B402
Taipei World Trade Center Exhibition Hall 1 B402

串 —— 展

大學出版社聯展

我们为何学术，2016台湾大学书展视觉海报

设计总监。美国旧金山艺术大学平面设计硕士，毕业后于美国Salt Branding广告公司和New Relic科技公司实习。目前，任职于筑点设计（archicake design），除平面设计外，也负责空间展览规划设计。设计风格以简单、实用为主，而项目设计则以活动类型印刷品为主，如海报、手册和精装书籍。

访谈：邵昀如/王昱钧 摄影：李宗谕/陈宛以

629，2016 629世界工业设计日主视觉（照片提供：筑点设计）

YOUTH IN DESIGN

629

世界
工業設計日

街角专书：2015 台北街角遇见设计手册
（照片提供：筑点设计）

臺北街角
遇見設計

2015 TAIPEI DESIGN, ACTION!

台北设计城市展专书。（照片提供：筑点设计）

100 种情感交流的可能

街角专书，台北街角遇见设计手册。集结两年的街角活动，将设计散播至每一个生活街区的过程记录成册。（照片提供：筑点设计）

FASHION RUNWAY SHOWS

萬華 Pop-up Shop

菜單改造計畫

Q1 从接到设计委托到完成制作,这中间需要经历哪些步骤?是否包括策划、印前、印刷、印后?还是有其他步骤?

一般接触到的出版物,除了活动项目所需的印刷品外,也会有针对某一主题或专题来制作的精装书,类似定制图书。

如果是活动项目的话,我会与项目策划人员沟通了解活动内容及主题,依照讨论后拟定的方向,设定出版物的材质、颜色、尺寸等。如果是专题设计,则会先与客户讨论,了解客户想通过此出版物传达的信息,揣摩客户的想法,帮助客户厘清需求,再依照确定的方向来设定印刷材质及效果。

Q2 合作项目是如何进行的?是否会分设计策划、文案策划、印刷策划?您会怎么排出顺序呢?每一项策划的工作内容又会是什么呢?

一般策划人员负责对接客户,了解客户的想法,整合客户需求后再与设计师沟通,根据客户的需求找出在设计上可执行的方向。有时,设计师也会直接与客户接洽,第一时间了解客户需求。从某种程度上来说,沟通技巧也是设计师必须具备的能力之一。不论是要说服客户采用新的材质还是让客户厘清此次特殊做法的用意,沟通都很重要。

Q3 印前制作的主要流程是什么?会使用何种软件?是先在纸上画出排版草图再到电脑上操作,还是整个设计流程全在电脑上操作?

在接到合作项目时,我会先与策划人员讨论并拟定方向,或直接与客户讨论,归纳出需求后,再进行草图绘制、材质设定、配色方案、照片风格确认等,将组件设定好后,即可将草图的版型导入电脑排版,这样才不会发生在电脑设计完后又需要修改的情况(虽然偶尔还是会发生)。

有些合作项目有时间上的限制,就会采用直接上机制作排版的方式,但会先在脑中画出版式轮廓,这必须依靠经验的累积才能做到。基本会用到三种软件来完成项目:书籍类的排版都是用InDesign;海报或小型折页会使用Illustrator;处理图片的话,肯定就是Photoshop了。

Q4 会参与后端印刷、加工步骤吗?是否会对印刷材质、印刷方式、装订方式、特殊处理方式给出建议?是否会为出版社推荐合作的印刷厂?

我的流程是"完稿→打样→修改→送印"。在选择印刷材质时,我通常会先以成品的调性及预算来考虑,控制预算也是相当重要的。我会选择熟悉的印刷厂来合作,并且与印务讨论所选的材质是否适合。他们也会针对特殊材质印出来的效果、颜色的搭配,提供专业的见解。

有时,我也会用印量少的印刷品来测试新印刷厂,毕竟还是要多准备一些印刷厂备选,这样一来,当印刷量大时或有不同需求时,就可以找不同印刷厂配合。可是,最常找的还是熟悉的印刷厂,因为合作久了,会了解彼此的需求。有些印刷厂必须通过多次的磨合,才会让日后的合作较顺利。

遇到特殊工艺时,如运用专色或特殊的装帧方式,我会亲自到印刷厂看样,确认印刷效果,同时与印刷师傅直接沟通,避免印出的效果不如预期。装订方式及特殊工艺通常都是要根据项目的属性来定,在构思过程中,会通过工艺的技法来表现出作品想要传达的信息。有些特殊工艺若真能使用,会让成书的过程更加有趣。

工作流程 | 04

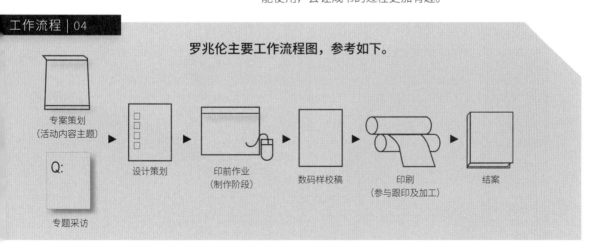

罗兆伦主要工作流程图,参考如下。

专案策划
(活动内容主题)

Q:

专题采访

设计策划

印前作业
(制作阶段)

数码样校稿

印刷
(参与跟印及加工)

结案

设计的品格

Designer Q & A

周芳伃

03

摄影书籍《迷丝》，艺术微喷、数码打印、丙烯颜料、手工粘贴（摄影：李宗谕）

访谈：邵昀如/陈宛以　摄影：李宗谕

擅长平面设计、影像创作，曾荣获莫斯科国际摄影比赛美术抽象组第一名，中国台北国际摄影节新锐奖，作品曾于第一、二届WFD台北国际摄影艺术交流展展出。现为独立平面设计师、摄影师，持续创作摄影作品。

摄影书籍《城市虚幻》，艺术微喷、高质量半亚光照片纸
（摄影：李宗谕）

摄影书籍《城市虚幻》内页：15页艺术微喷、打印印刷、丙烯颜料、蜂蜡、手缝、打米线（摄影：李宗谕）

Q1 从接到设计委托到完成制作，这中间需要经历哪些步骤？是否包括策划、印前、印刷、印后呢？

制作手工书的步骤，我大概会分成两步：策划及印前，印刷及印后。手工书制作的数量通常很少，后续依设计需求有时需要自己拼贴、绘画或缝纫等。完成项目并不困难，但需要有自己的设计流程，这样才不会在制作时手忙脚乱。比起当设计行业的上班族，创作自己的作品很自由，更能"玩"设计！

Q2 合作项目是如何进行的？您会怎么排出顺序呢？每一项策划的工作内容又会是什么呢？

策划与印前：不外乎构思、打草稿，思考书本的形式，印制需要何种效果等，之后再进入自己熟悉的设计软件进行制图、排版作业。

每一本摄影手工书的设计、文案、印刷都是自己策划的，顺序是文案→设计→印刷。通常设计进行到三分之二后，我会征求朋友的建议或是向自己熟悉的印刷厂、艺术微喷店请教，这样会让最后的三分之一思考更加完整，也会让印刷与印后的步骤较顺利。

在制作摄影手工书时，设计概念应追求摄影本质，而不只是把照片分类、编排、集结成册，须带入"作者"的角色去思考。摄影书如同收藏的展览，缜密地规划内容后，带入作者本身的思想、故事、情感，方能成为一本完整的"书"。

印刷与印后：就是送印及校稿的作业。在送印前须与印刷厂沟通稿件，包括如何制作、材料及价格（预算会影响选材和成品效果，这就是现实与理想的矛盾）。样品出来即进行校稿、对色，再经调整、沟通，才能顺利产出成品。

Q3 印前制作的主要有哪些流程？会使用何种软件？

我熟悉的软件是 Illustrator 及 InDesign。书籍的内页、文案会用 InDesign 来规划，设计部分会先在纸上构思、打草稿，再用 Illustrator 制稿及设定颜色、材料等。有些设计项目，偶尔直接上机完成，但最初也会用软件打草稿后，再进行细致的绘图作业，逐步完成送印稿件。

Q4 会参与后端印刷、加工步骤吗？是否会对印刷材质、印刷方式、装订方式、特殊处理方式给出建议？

摄影书最重视的是内容的细致度。内页大都会交由专门印制作品的艺术微喷店完成。使用的材料不限于照片纸或一般的平光纸，印刷方式也会以衬托摄影作品的质感为主要考虑因素。

手工书的制作量极少，用纸和材料会选择能保值的材质，如无酸纸及无酸类胶带或胶水等（在一般的气温跟环境下，无酸纸不易变黄，也能够确保印刷品不易变质，但比一般材料贵许多）。

另外，手工书的制作数量有时可能只有一本，若需要缝线或粘贴，就会一针一线地缝纫，以手工完成，有些特殊效果还会以手绘方式完成。

依内容所需，装订方式也会不同。例如，有些摄影书利用胶装的特性，打开书页时会吃掉中间夹住的内容，让作品更加有趣。但千万别只因手法有趣而使用，这样会使设计掩盖原作品的特色，造成反面效果。

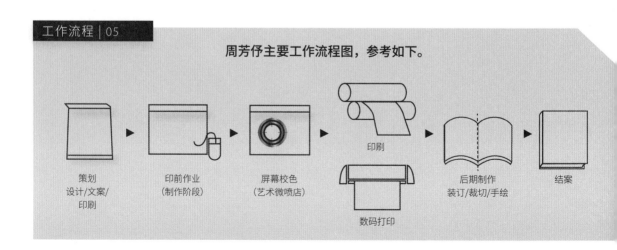

工作流程 | 05

周芳伃主要工作流程图，参考如下。

策划
设计/文案/
印刷

印前作业
（制作阶段）

屏幕校色
（艺术微喷店）

印刷

数码打印

后期制作
装订/裁切/手绘

结案

特别专栏

| 设计师教会我们的一些事

经过上述设计师的分享，我们可以得知设计流程大致相同，但因为每个项目状况不同，会有些微差异。有些设计师参与策划工作的比例较大，有些则不需要，而有的个人工作室形态的独立设计师因为团队人数较少，需要跑完从策划到印后的所有流程。

最后，我们还请每个设计师分享了各自在设计与实际制作中最常遇到的困难，以作为我们日后执行设计项目时的提醒。

彭星凯

以一本书为例，我通常会到印刷现场确认上机印制。若有与预想不符的部分，可以尝试油墨调整，或是重新制版、换纸等。若是费用不允许（出版业的预算通常很吃紧），只能依当时的状况适当妥协，并且学习这次的经验，在下一次的设计中修正。我的习惯是以过去的经验完成大部分的设计，但每一次会多一点新的尝试，逐步累积陌生的手法，并多向印务、纸务请教，通常对方都会非常乐意与设计师沟通。

何婉君

在与客户沟通时，他们经常无法想象之后印刷的效果。因此，我们会先以印刷的样本跟印刷厂讨论实际印刷的可行性，再与客户协调沟通。在印刷阶段会亲自去现场跟印，当场与印务讨论调整，确保没有任何问题。

张溥辉

印刷的质量没达到预期的标准，例如，一些工艺搞错前后顺序，或是事情执行得细腻度不够等，这些情形如在跟印的当下发生，我会及时进行调整与印刷师傅沟通。

罗兆伦

最常遇到的问题是印刷效果不如预期，这可能是印前与缺乏经验的印务沟通不足所造成的。偏色也是很常见的失误，若能现场看样便可以降低这样的风险。再者，就是对纸的特性不够了解：纸张的丝向、纸张种类、纸张与印刷色的契合度，这些都有可能造成印出后当下看没问题，可是，过一段时间，书籍封面或印刷品就会变形或变色。

周芳伃

我觉得比较困难的地方在于书籍印制后的颜色。摄影类书籍内页印刷要比一般书籍谨慎。印制前，一定得到艺术微喷店校色，不管自己电脑的色彩是否校色正确，都会因印制的机器而有所差异，如果成品出来跟自己所预想的落差较大，需要耐心地和校色师讨论。

我很喜欢向校色、印刷师傅多问、多学习。记得毕业后的第一份工作，我从策划到成品跟着前辈慢慢学习，不懂的都尽量询问，最后找出了一套适合自己的方法。另外，纸质基底或上面的涂料不同，也会影响印刷或特殊效果，进而牵连整体设计，因此必须小心。

私房分享

| 设计师所给的小秘诀

大量的记录！

记录版式是很重要的一种习惯，不一定要花大价钱买书，可以准备一个空白的素描本，随时记录图书馆借阅的排版书籍中较好的版式，或到书店大量浏览学习。当你看到觉得很棒的图文运用或版式，就把它们记在脑海里，回家后着手把构图画下来。

记录版式

在记录版式时，段落文字以线条表示，线条的粗细表达字号大小，线条的轻重表达字体的样式（粗体或细体），线条的距离则表示行与行的间距。

图片的表现则用框架绘制，可以分图形或影像两种，如在框架中画一条斜线或一组交叉线，代表图像文件，以便区别由单纯的几何图形表达的块面或色块。

坊间可以找到一些关于版式的参考用书，书里提供了一些单纯构图组合范例。不过，版面中的对象与空间的互动性是变动的，真正了解基本的设计原理，才是最终的解决方案。

第2讲
InDesign 快速上手

进入印前制作阶段时,必须先熟悉InDesign的工作区,这是使用该软件的第一步。

InDesign的工作区主要分为文件窗口、工具箱、菜单栏、控制面板、浮动面板、视图。本节以概括性的方式先介绍开启InDesign工作区所见的相关工具接口,详细说明请参考"第3讲　InDesign工具概念介绍"。

2.1 初探InDesign

2.1.1 工作区介绍

打开文件后,出现的主要画面就是"文件工作区窗口",用户须先了解InDesign的工作区窗口(图2-1的Ⓐ),才可减少对软件的陌生感。

InDesign与多数Adobe产品一样,有用户熟悉且常用的"工具箱"(图2-1的Ⓑ),包括钢笔、铅笔、旋转、缩放及变形工具等,许多工具与Illustrator相似。工具箱通常预设于工作区左侧,以单栏或双栏的方式呈现,也可至"编辑"→"首选项"→"界面",更改其位置及呈现方式(栏或列),请参考"2.2 首选项"。

在工作区的最上方有"菜单栏"(图2-1的Ⓒ),Adobe软件的界面组成都比较类似,选项由大指令到小指令、由左至右、由上至下排列。另外,位于菜单栏下方的"控制面板"(图2-1的Ⓓ)会搭配工具箱的工具而变换项目,

有一般、页面、字符格式设定控制、段落格式设定控制,以及网格等五种图示选单请参考"3.3 控制面板",可在"窗口"→"控制"选择是否显示。

"浮动面板"(图2-1的Ⓔ)建在工作区的右边,每个面板包含许多进阶的隐藏选单,还包含大量下拉式选择菜单内的选项。在电脑作业时,为了不占工作空间,可用"折叠为图标"收起,使用时再将面板展开,或拖拽至工作区的任何位置。可至菜单栏中的"窗口"寻找所有浮动面板的选项。

其他如工作区最左上方的标尺坐标定位、左下角的"印前检查",及工作区下方的"状态栏"(图2-1的Ⓕ)也是常用的工具,将于下文依序说明。

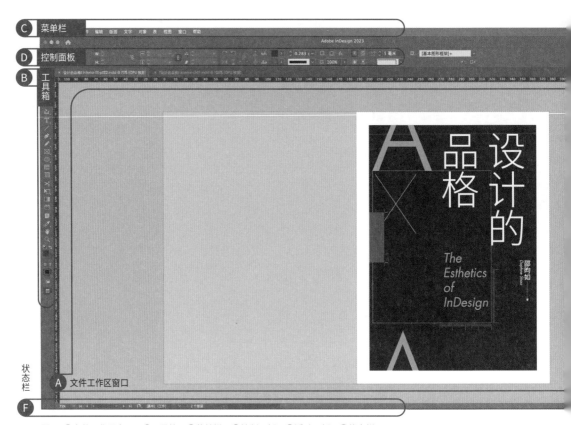

图2-1 Ⓐ文件工作区窗口、Ⓑ工具箱、Ⓒ菜单栏、Ⓓ控制面板、Ⓔ浮动面板、Ⓕ状态栏

2-2 标尺坐标定位

A ｜ 标尺坐标定位

标尺位于文件工作区窗口左上方，拖拽标尺坐标位于正方格内的交叉点，可以重新定位零刻度坐标（0，0）的位置。此工具可根据设计者的不同需求，将坐标轴设定在单页或跨页的起点，或设定在文件内的对象上。文件标尺起始的坐标点可随时调整（图2-2）。

B ｜ 工具箱

InDesign工具箱包含选择、文字、网格、绘图、图形绘制、框架、变形及预览等，请参考"3.1 工具箱"，其中还包含比较陌生的工具，如附注工具及颜色主题工具（图2-3）。

图2-3 工具箱

C ｜ 菜单栏

又称下拉式菜单栏，主要是以文字为描述的选项，几乎包含工具箱、控制面板及浮动面板内的所有工具选项。菜单栏依照属性可分为"文件""编辑""版面""文字""对象""表""视图""窗口"及"帮助"九项。第二层选项（也可能出现在右侧）则有Adobe Bridge（Br）、Adobe Stock（St）、缩放（屏幕显示比例）、视图选项（网格与参考线等）、屏幕模式（同工具箱的视图）及排列（有多个文件时的窗口排列模式）等图标，是使用频率较低的工具（图2-4），请见"3.2 菜单栏"。

图2-4 菜单栏清单

D ｜ 控制面板

控制面板提供与工具箱图标相对应的选项，以"选择工具"面板为例，提供对象参考点、X与Y轴位置、缩放、旋转、倾斜、翻转、效果及对齐等快捷按钮（图2-5）。若是选择文字工具，便会出现字符或段落格式控制面板，面板上会出现文字大小、样式、排列、缩放、间距等相关的图标选项，可参考"3.3 控制面板"。

图2-5 "选择工具"面板

图2-6 隐藏式浮动面板。可设定单栏或双栏，也可调整面板的宽度，让文字说明出现。此为浮动面板及其扩展功能的隐藏选项

E ｜ 浮动面板

打开文件后，若浮动面板没有出现，可在菜单栏"窗口"中寻找。在新建或打开文件时，隐藏式浮动面板会在工作区的右侧，可设定单栏或双栏，也能调整浮动面板的宽度，让文字说明出现（图2-6）。每一个展开的浮动面板都有扩展功能的隐藏选项。点击面板右上方选项，将面板展开或收合（图2-7红圈处），争取更多工作窗口的空间，请参考"3.4浮动面板"。

图2-7 左：浮动面板若未出现，可以至菜单栏"窗口"点击"工具"打开；右：点击浮动面板的显示选项，可以找到更多进阶功能

F ｜ 状态栏

01 ｜ 页面显示

位于工作窗口左下方状态栏的页面显示有两项，一为显示页面放大、缩小之百分比选项（图2-8的①），另一个为页面页码的选项（图2-8的②）。点击两侧的箭头可快速选择前后页，也可在框内输入或选择页码直接跳往指定的页面，这里也是判断目前的页面为一般页面还是为主页的参考指标。

图2-8 显示比例及页码

02 ｜ 印前检查

印前检查是InDesign在输出文件前检查文件的重要步骤。通过印前检查，能够发现如文件链接、图片色彩模式设定、文字框文字及字体等是否有问题。点击印前检查面板所列出的问题项目，即可链接至问题所在页面的位置进行修改（图2-10），请参考"11.1印前检查与打包"。

图2-9 印前检查符号出现绿色代表无错误，文件可导出。出现红色错误时，须打开印前检查面板检查错误并修改

图2-10 左下角红点指出有147个错误，其中100多个是缺失链接的错误

其他视图项目

位于工具箱最下方的屏幕模式图标，左为正常模式，右为出血模式。若展开隐藏的菜单，则会有所有的屏幕模式选项：正常、预览、出血及辅助信息区等模式。

"演示文稿"模式如同Power Point中的演示文稿播放画面。

01 │ 正常模式

正常模式是最常使用的工作状态，会显示标尺参考线、字段、参考线及对象，以及文字框架的隐藏字符等，是编辑图文工作时最方便的模式。

02 │ 预览模式

预览模式是隐藏参考线及非印刷元素的模式。选择预览模式可预览文件输出的最终效果。

图2-11 屏幕模式可分正常、预览、出血及辅助信息区。这个功能与下拉菜单"视图"的"屏幕模式"是一样的功能

03 │ 出血模式

出血模式是预览输出的设定，但除了显示文件印刷范围外，也会出现页面出血范围。出血是指文件底图或色块向外扩张超出页面范围的延伸设定（出血范围至少3mm），主要作用为预防底图或色块印后裁切误差产生的问题，出血范围可在"文件"→"文档设置"调整。

04 │ 辅助信息区模式

辅助信息区模式也是预览输出的设定，但辅助信息范围可设定为比出血范围更大。辅助信息范围值可于新建文档时就进行设定。辅助信息区多放置文件印刷或工艺的说明，如裁切、折叠参考线或烫金效果的标示区域（可参考"3.3控制面板"）。

2.1.2 新建文档/书籍/库

在启动InDesign时"文件"→"新建"有三种选项，分别是"文档""书籍""库"。

01 │ 新建文档（快捷键Ctrl+N）

选择"文件"→"新建"→"文档"，所新建的InDesign文档适用于单页、少页数或整本书的文件制作，可以设定为打印、网页及移动设备的文件格式。（图2-12）

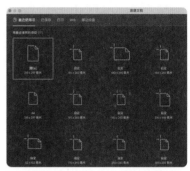

图2-12 新建文档可分打印、网页及移动设备文件的格式

02 │ 新建书籍（*.indb）

针对需要分工的编辑内容，尤其是章节分类多而复杂的书或杂志，建议每个章节建一个文档，并套用共同的版式，最后以书籍档将所有文档集结成册。选择"新建书籍"（图2-13），选取已编辑完成的所有文档，依文件排序，书籍将重新自动计算页码，并自动将所有文件进行色彩模式及段落样式同步化，即完成书籍存档。"书籍"档案是由数个文件档连接完成的，所以每个文件的起始页码，会自动从上一个文件的结束页码开始衔接。

"文件"→"新建"→"书籍"，特别的是，书籍档是一个浮动面板而非工作文件（图2-13）。利用"书籍"浮动面板内的"添加文档"，将所需文件档加进面板中，最后点击"将书籍存储为"完成所有步骤，请参考"11.2同步书籍"。

图2-13 上：新建书籍出现的是浮动面板，而非工作窗口；下：书籍的文件图示

03 │ 新建库

"新建库"与"新建书籍"一样是浮动面板，须先保存链接库档案后才出现。这个功能可用来当作储存页面版式、表格、绘图、文字等组件的数据库（图2-14），在任何InDesign文件中开启共享，也能当作跨文件或图文数据的存放空间，虽然笔者觉得好用，但业界设计师反映使用频率不高，在此只做简略介绍。

图2-14 链接库可作为储存页面版式、表格、绘图、文字等组件的数据库

04 │ 新建文档基本操作步骤

Ⓐ │ **页数**：设定文档的总页数，建议在新建文档时先设定一页，待文档主页设定完成后，再随时增加页面即可（图2-15的Ⓐ）。

Ⓑ │ **对页**：勾选后，文件以跨页形式出现（图2-15的Ⓑ）。

Ⓒ │ **起始页码**：在书籍的前言、导论等前页，习惯用罗马数字设定页码，内文则以阿拉伯数字设定页码，通常扣除前页后才会设置阿拉伯数字1为起始页码（图2-15的Ⓒ）。可以在编辑完后，运用页码与章节再进行调整（请参考"10.4 页码与章节"）。

Ⓓ │ **主文本框架**：页面会自动出现设定好栏位的文本框，可提高文字编辑的效率，但这个选项适用于版式较规律的小说或以文字为主的文件。若需要建立活泼的版式及自由结构的编排，每页所需的文字框位置及数量不同，建议关闭此选项，选择以手动置入文本框的方式执行（图2-15的Ⓓ）。

Ⓔ │ **页面大小**：印刷裁切后的印刷品成品尺寸（图2-15的Ⓔ）。

Ⓕ │ **文件方向**：纵向为直式，高度大于宽度。横向为横式，宽度大于高度（图2-15的Ⓕ）。

Ⓖ │ **装订**：从左到右装订，文字横向排列；从右到左装订，文字垂直纵向排列（图2-15的Ⓖ）。

出血是让满版图片或色块延伸到纸张外的预留范围，建议出血至少要留3mm，主要用来抵消印刷后裁切产生的偏移误差。

Ⓗ │ **辅助信息区**：可设置得比出血更大，主要用于标示折叠或裁切线，标注印刷物的注意事项（图2-15的Ⓗ和图2-16）。

Ⓘ │ **边距**：页面上下内外留白的距离，主要用来限制文字排布，可保障文字与书籍边缘拥有安全及美观的印刷距离。图片可以出血，只要主要影像没被刻意破坏就好；若文字太靠近页面中间或边界，会产生装订处的文字被覆盖或被裁切，也会影响文字的可读性与辨识性（图2-17的Ⓘ）。

Ⓙ │ **栏数**：在新建文档时，也可预先设置栏数，也可以在开启文件后，在菜单栏"版面"→"边距和分栏"设定（图2-17的Ⓙ）。

Ⓚ │ **栏间距**：栏位与栏位之间的距离。通常设置为默认的5mm或以上（图2-17的Ⓚ）。

以上基础设定完成后，即完成新建文档工作，接下来便可开始进行编辑排版了。

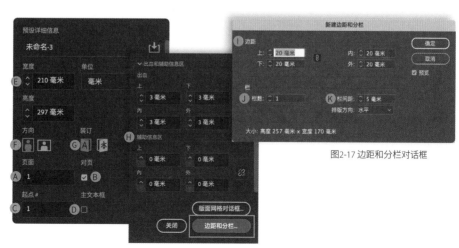

图2-17 边距和分栏对话框

图2-16 设定辅助信息区，提供文件折线、裁切线等信息

图2-15 新建文档对话框

2.1.3 绘图与图片置入

图2-18 上：位于菜单栏"对象"→"适合"内的项目；下："适合"也会出现在控制面板上

关于绘图及影像，"视觉的创意"一章有详尽的介绍。InDesign的工具箱及浮动面板中有许多图形绘制工具，也可以从开启的Illustrator文件中直接将图案复制粘贴到InDesign文件中。影像则通过"文件"→"置入"（快捷键Ctrl+D）从Photoshop文件导入。也可由外部文件置入文字、表格或多媒体等素材。

InDesign的文字、绘图与图片，都以框架概念建立。在工具箱选择"文字工具"（或"框架工具"）建立文字框，即可输入文字或导入文字。图片置入可先建立所需尺寸及位置的图框，也可以直接从文件导入图片（会自动产生图框）。选择"对象"→"适合"（图2-18），让图片与图框的比例以不同方式呈现，请参考"6.2适合"。

另外，运用图形或钢笔工具可绘制造型特殊的框架，若用钢笔工具顺着物件边缘描绘，再将图片贴入框架范围内，即可产生类似去背景的效果，可参考"6.1框架在图像上的应用"。

InDesign的绘图工具虽然没有Illustrator充足，但本书就是要教你使用单纯的铅笔工具"铅笔工具""线条工具""钢笔工具""路径查找器"，甚至是"角选项"等，做出如Illustrator或Photoshop的效果。

图2-19 敦煌书局海报，利用质感透明度的效果，并且使用钢笔工具制作去背或不规则图框，在InDesign就可快速进行Illustrator或Photoshop的图像处理

2.1.4 版面设定及样式设定

在这里，笔者先浅谈一下样式设定、版面设定的逻辑，若要了解更深入的
操作，以及如何运用，可参考"编辑整合"一章。

01 │ 版面设定

InDesign版面设定的主要项目是主页（图2-21），设计项目包括边界与栏、页眉页脚、自动页码，以及编页与章节，这些皆须在主页上设置，才可以切实应用于多个页面中。像是编辑任务量极为庞大复杂且讲求时效的出版行业，特别是每月、每季定期出刊的书报杂志社，都有完整的格式化版式及样式设定，请参考"第8讲 版面设定"。

版式在InDesign中称为主页，就像早期印有浅蓝色格子的完稿纸一样。完稿纸上提供不同尺寸的格子，美编依据这些格子进行具有原则且高效的图文配置（传统称完稿）。数字编辑则需要自定主页的架构，概念与传统完稿一样，主页不必很复杂，但须具备灵活的应用性，请参考"第10讲 主页设定"。

主页设定除边距、栏列、参考线、页脚、页码及章节标记等项目，皆是一般页面需要固定出现的元素，也可以是文字、图形、色块或图片。一个文档可以设计多款主页型，包括单页或跨页（多页）主版，妥善运用主版排列组合即可衍生更多版面变化。除了平面设计必用外，多媒体如网页、电子书及演示文稿等亦可套用主页设定进行设计。（图2-22）

02 │ 样式设定

若说主页是骨架，那样式就是内容的规范，样式是将文字或对象重复执行效果的设定，可分字符样式、段落样式、对象样式、表样式及单元格样式等。常用样式如下："字符样式"用于段落中局部字符的色彩或样式的改变，常配合段落样式使用；"段落样式"主要设定整个文档或书籍的段落层级，常以大标题、中标题、小标题、内文、图注等用途来命名；"对象样式"用于对象框架设定（含文本、形状及图像），可同时设定多重效果，并快速套用效果于文档的对象。样式设定皆可跨文件应用，请参考"第9讲 样式设定"。

图2-20 样式选单位于菜单栏"窗口"→"样式"内

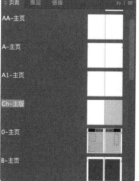

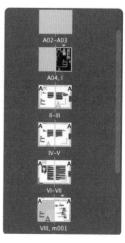

图2-22 做一本书，我们通常会设计多款主页型，供全书不同章节及页面使用。
如页面所示，主页可以相互组合使用，如A主页的左页可以搭配B主页的右页，依此类推，主页设定即可通过组合产生更多变化

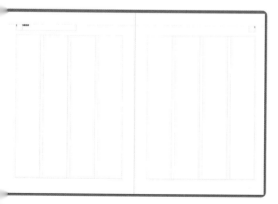

图2-21 主页像早期美编用的完稿纸，提供图文配置的参考位置

03 │边距和分栏

在新建文档时即可设定边距和分栏。若在编辑后想再调整，则可点击"版面"→"边距和分栏"设定边距与栏数等数值，如下图。基本上，同一文件的边距和栏设定（上、下及栏间距）应尽量保持相同，因为水平的连贯性会让版面阅读起来更舒适。边距的内、外及栏数则可进行较多的变化。主页可以设定不同栏数，偶数（对称）或奇数（不对称）的栏数皆可，在维持水平稳定的基础上，增加栏位变化反而会让版面更有趣（图2-23）。

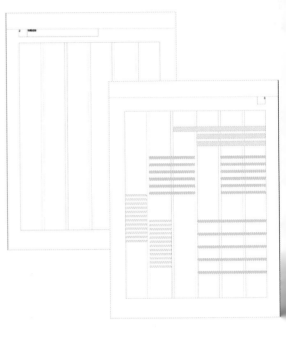

图2-23 左：边距和分栏的对话框，边距可以设定为非对称（Ⓐ），栏数（Ⓑ）及栏间距（Ⓒ）是基本的参考线；右：版面栏数设定为6栏，文字段落宽度可进行的变化较为多元（请将彩色线条视为文字）

04 │栏间距

栏间距是指段落栏位的间隔距离，对文字的阅读性来说十分重要。

栏间距设定在5~20mm为佳（字级大，栏间距可以相应加大）。若小于5mm，段落太近易混淆文字阅读方向（会与字距产生混淆）；反之，栏间距设定过大，则会导致段落阅读的连贯性则不足。以上两种状况皆须避免。栏间距等同于竖向排版的列间距。（图2-24）

图2-24 左：左右段落间距太近，阅读时很容易直接一口气从左侧第一个字跨到右侧段落读完，导致阅读顺序不正确；

右：左右段落间距太远，读者无法从松散的版面获得连贯的阅读体验

05 │ 建立参考线

"版面"→"创建参考线"与"边距和分栏"的设定类似，但这个功能更适合于如九宫格的格子状结构版型（因为多了行数的设定）（图2-25）。对话框的选项中，"参考线适合边距"是指扣除上下左右边距的范围，平均设定的栏与行数（图2-27的Ⓐ）；"参考线适合页面"则不考虑边距，以页面为整体平均设定的栏与行数（图2-27的Ⓑ）。参考线若经调整可选择"移去现有标尺参考线"的选项，移除之前所设定的标尺参考线，以最后设定的参考线为准。

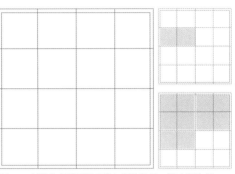

图2-25 创建参考线可设定栏与行的数量，适合制作规律方格状的版面结构

图2-26 若想建立方格状的版面结构，请将栏间距都设为0。参考线适合的两种选项，分别为"边距"和"页面"。所谓的边距是以扣除上、下、内、外后的空间平均分摊栏与列数，如图2-27的Ⓐ。选择"页面"，则是以文件尺寸的大小直接进行行与栏的均分，如图2-27的Ⓑ

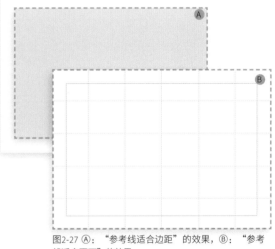

图2-27 Ⓐ："参考线适合边距"的效果，Ⓑ："参考线适合页面"的效果

06 │ 标尺参考线

从"版面"→"标尺参考线"可设定使用者自己习惯的参考线颜色，请以参考线在文件上能清晰显现为考量。参考线的颜色及呈现方式亦可于"编辑"→"首选项"→"常规"→"参考线和粘贴板"进行设定。

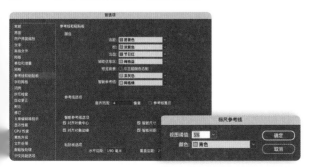

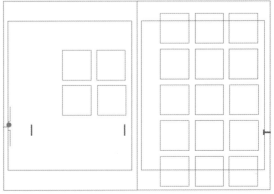

图2-28 除了运用"边距和分栏"或创建参考线来制作主页版型外，也可绘制不规则的线条或形状制作主页参考线

2.1.5 结束编辑：存储 / 导出 / 打包

01 │ 存储 / 存储为（快捷键 Ctrl+S）

InDesign 文档的存储有三种格式，分别为 INDD、INDT（InDesign2023 模板），以及提供较旧版本可打开的 IDML（InDesign CS4 或更高版本）（图 2-29），其他格式则需使用转存的方式进行储存。

图2-29 旧版InDesign存储格式可供选择

02 │ "文件" → "导出"

InDesign的导出格式，包括可用于打印或输出的格式，如Adobe PDF（打印）、EPS、IDML、JPEG、PNG；还有可用于多媒体的转存格式如Adobe PDF（交互）、EPUB、HTML、XML等。（图2-30）

以下为转存格式介绍。

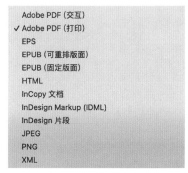

图2-30 多种导出格式

A │ Adobe PDF（打印）

Adobe PDF为便携式文件格式，"Adobe PDF（打印）"为多数数码打印店或印刷厂可接受的格式，文件体积小，但能保证高品质。选择"Adobe PDF预设"中的"印刷质量"，文档可直接通过网络传输给印刷厂印制，但有时也会出现漏字、漏图及颜色偏差等问题，传输前请仔细检查。"Adobe PDF（打印）"及"Adobe PDF（交互）"皆是EDM（实体数据模型）最普通的文档格式。

B │ EPUB

这是旧版本中的XHTML数字版本格式，现在称为EPUB，可将文档转存成电子书模式。

C │ FLA 及 SWF

FLA是可在Flash网页编辑的转档格式，可进一步增加或修改动画，尤其是应用于制作动态网页时相当便利。SWF则是无法修改的动画输出文档格式。

D │ HTML（超文本标记语言）

该格式可以允许文件在Dreamweaver软件内编辑，将InDesign编排的内容直接转换为网页格式后，图片排版不会改变，但文字则需在InDesign中选择CSS（层叠式样式表）的设定，再套用于Dreamweaver软件。

E │ XML（可扩展标记语言）

这是一种运用于互联网，可将资料串列化的标准格式。

03 ｜ 打包

当InDesign的编辑工作最终完成时，须执行汇整所有文档的动作，这个步骤称为打包。选择"文件"→"打包"，让文件所用的所有图片及字体都完整地打包在文件的资料夹中，在打包的对话框中勾选"包括IDML"与"包括PDF（打印）"，便可在打包过程中将所需的文件一起储存起来（图2-31），步骤可参考"11.1印前检查与打包"。

在执行打包前，请选择"窗口"→"输出"→"印前检查"，所有遗失链接的图片、字体，溢流的文本框，或未转成CMYK印刷色彩照片等错误信息将被标示出来（图2-32）。文件缺失（红色问号）请选择"窗口"→"链接"→"重新链接"。若显示溢流的文本框架，请点选错误页面并逐一修正。经过检查、重新链接后，打包才算完整。不管是再次编辑还是送印刷厂及数码打印店，只储存indd的文档是无法完整打开的。

图2-31 上：Indesign CC版本之后的版本，打包时即自动储存INDD档、IDML、PDF文件；下:打包后的资料夹内会有一个"说明.txt"文件（可当作印刷工务单）、INDD文件、IDML文件（降版本文件，CC版本都会自动生成）和PDF文件（CC版本都会自动生成），以及Document Fonts和Links两个文件夹

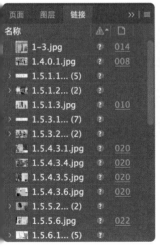

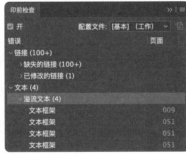

图2-32 印前检查面板中会有链接、文字显示错误。左：链接窗口出现的红色问号，代表图片文件链接遗失，须重新链接，黄色数字代表这些图片所在的页面位置；中：印前检查面板的文字错误最多为溢流文本框，也标示了文本框所在页面；右：另一个文字错误为缺失字体，并标示出哪些字体缺失

2.2 首选项

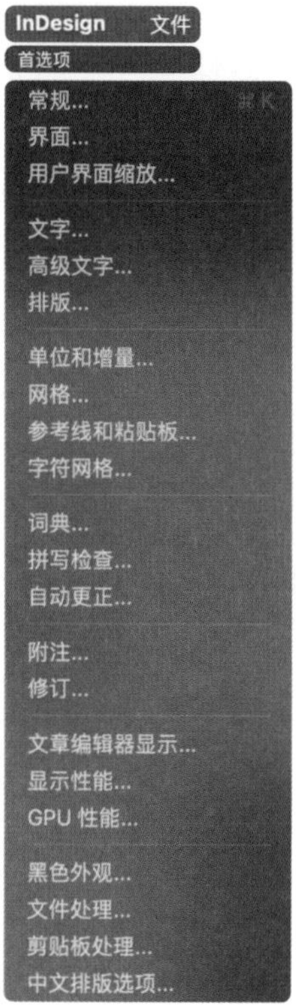

Adobe软件都有首选项，供使用者设定适合自己的作业环境。"首选项"位于菜单栏"编辑"→"首选项"，较常用的首选项有常规、界面、文字、单位和增量、参考线和粘贴板、显示性能、中文排版选项等（图2-33）。

图2-33 "首选项"选项

01 │ 常规

设定视图页码，有章节页码或绝对页码可选择。集结成册的书籍，一般建议使用章节页码。若设定为绝对页码，当多个文档集结成书籍档案时，即使进行重新编码的动作，自动编码也不会产生作用，还是会各自保留原文件的固定页码。绝对页码较适用于配合章节码进行的页面编码，如"1-10""2-10"这样的格式（图2-34）。

02 │ 界面

除了"外观"选项，在"面板"选项中可设定浮动工具面板于工作窗口内的排列方式，工具箱可以设定为单栏、双栏与单行三种。除此之外，浮动面板亦可以设定为自动折叠，以便增加窗口空间（图2-35）。

03 │ 文字

一旦勾选"文字工具将框架转换为文本框架"，就不使用工具箱的文字工任何框架工具也都可自转换为可以输入文字的字框；勾选"三击以选行"，鼠标快速点击三下可选取文字，段落的边无须使用鼠标拖拽全部字（图2-36）。

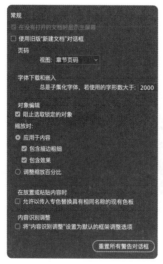

图2-34 "常规"对话框选项

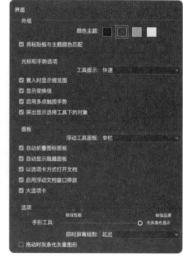

图2-35 "界面"对话框选项

图2-36 "文字"对话框选

04 │ 单位和增量

在"标尺单位"中,可以设定文件坐标原点(0,0)位置。若选择跨页,整个跨页则一起分享共同的坐标系统;若选择页面,则坐标原点会出现于每个单一页面的左上方,标尺也以单一页面计算。

在"单位和增量"对话框内,也可修改整个文件的单位,如文字大小单位可分点、级和美式点,请参考"4.2:单位和增量"。线条与标尺单位也可设定点、派卡、英寸与毫米等。另外,这里给习惯用键盘上下左右键移动对象的使用者分享一个好用的设定:利用"键盘增量"自行设定数值,将键盘增量设定成较小数字,便可做很细微的位置移动(图2-37)。

05 │ 参考线和粘贴板

在这里,你可以设定边距、栏、出血、辅助信息区及参考线等线条色彩,以及预览的背景颜色。此外,可选择参考线的显示位置为图文前方,这样更方便图片与文字的排列对齐;勾选"参考线置后"复选框,让参考线置于对象之后,可减少对工作画面的干扰(图2-38)。

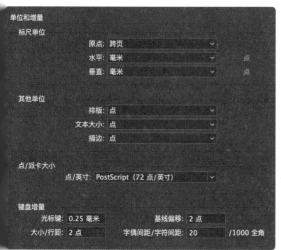

图2-37 "单位和增量"对话框选项

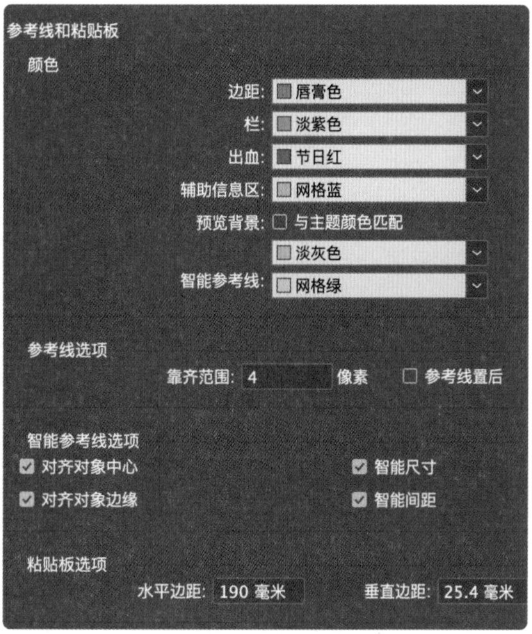

图2-38 "参考线和粘贴板"的设定选项

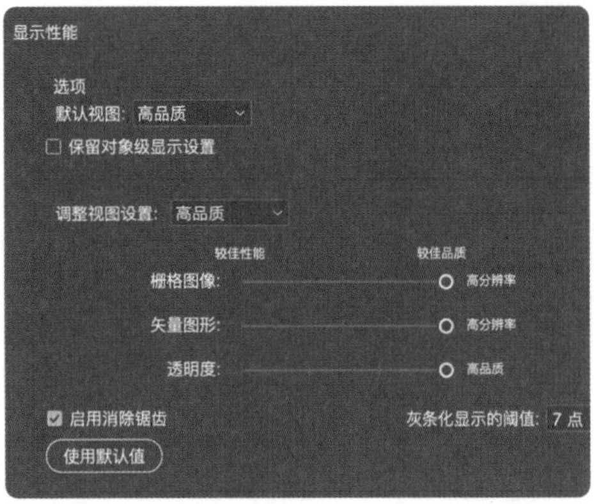

图2-39 "显示性能"的设定选项

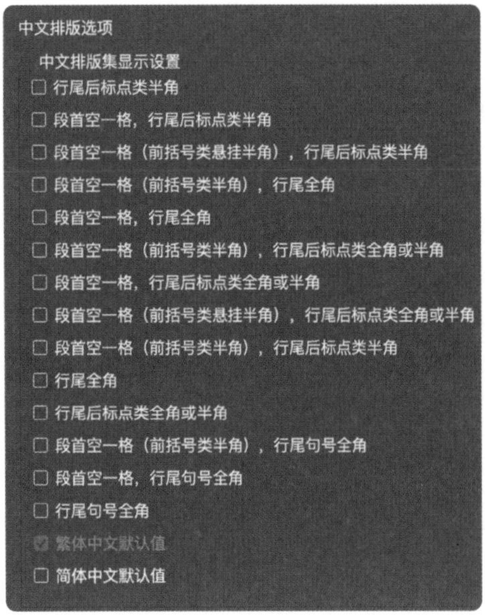

图2-41 "中文排版选项"的设定选项

06 ｜显示性能

"显示性能"主要用于设定显示器预览的画面，与文件印刷或输出质量无关。设定"快速"显示性能质量，可加快画面预览的速度，相对地，文件在屏幕上看起来质量较差。在显示性能设定中，最推荐的选项是"灰条化显示的阈值"（图2-39），所谓"灰条化显示"有点像我们画草图时用灰色线条替代文字。InDesign的灰条化设定值为7点，因此，当我们选择缩小显示或使页面符合窗口的"视图"时，文字只会以灰线形态出现而不是文字形态，难以体现整体版面的图文配置效果。笔者个人习惯是将"灰条化显示"设定为1点，如此一来，几乎所有文字不论版面缩小多少比例预览，文字都会以文字样貌呈现（图2-40）。

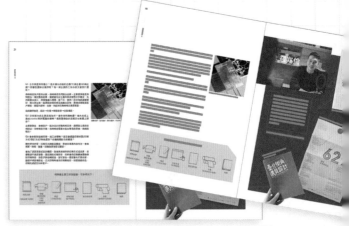

图2-40 左：灰条化显示阈值设定为1点，段落会以文字样貌呈现；右：小于灰条化显示阈值的文字，在版面上会以灰色线条形态呈现，不方便预览

07 ｜中文排版选项

此设定可以用来控制整个文件的文字间距。全角代表无水平缩放的正常字宽，有时标点保留全角，会造成局部字距太松、段落空隙太大的问题，产生字距空间不平均的障碍。有时可将标点设定为半角，使字距在视觉上更为均匀（图2-41）。

2.3 Adobe Bridge

"2.1.1：工作区介绍"提到控制面板的下方有内建Adobe Bridge的选项（图2-43），Adobe Bridge是用来浏览和管理图片、素材及音频的跨平台应用程序，是Adobe软件产品套装内含的软件之一。Adobe Bridge可以缩图检查InDesign文件内的各个链接。InDesign与Adobe Bridge窗口间可互相拖拽文件，搭配使用。

图2-42 Adobe Bridge的工作窗口

图2-43 点选Adobe Bridge按钮即可开启

返回上一步　筛选器　最近使用的文档　返回Adobe InDesign　从相机获取照片　优化　在Camera Raw开启　逆时针旋转90°　顺时针旋转90°

A | 直接点击InDesign控制面板的Adobe Bridge按钮，或"文件"→"在Bridge中浏览"，开启Adobe Bridge软件。Adobe Bridge是Adobe产品间的文件组织桥梁，说它是中央档案管理器一点也不为过。运用Adobe Bridge的文件管理能力，可有效协助我们完成庞杂的编辑工作。图片可通过关键字检查、搜索，甚至可以将凌乱的文件名通过"工具"→"批重命名"，依文字或日期等顺序重新整理成更加系统化的名称（图2-44）。

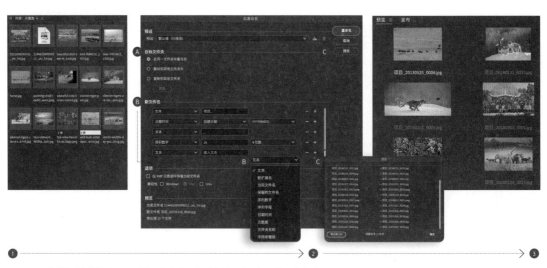

图2-44 通过"批重命名"处理，可按照文字或日期重新整理出更加系统化的名称

B |

图2-45 筛选器可使用的关键字：文件类型、日期，及与图片特性、长宽比和颜色模式等相关的名称

输出 InDesign 文档，会运用"打包"将文件内的所有图片、文件链接储存在 Links 文件夹中，这样图片搜集才算完整。每个打包的 InDesign 文件都有自己独立的图片资料夹，打包是最常见的图片管理方法（可参考"2.1.5 结束编辑"）。

Adobe Bridge 提供了另一种有弹性的图片管理选择，图片可不依章节等资料夹分类，而是集中在同一个大资料夹中，但根据文件类型、日期等设定的关键字进行分类。这种方法适用于含有大量跨文件图片的文件。然后，利用筛选器的关键字选项，可快速建立文件分类（图 2-45）。

除此之外，Adobe Bridge 还可以当作浏览图片的演示文稿工具使用，只要选"视图"→"幻灯片放映"即可。此外，在菜单栏的"标签"中也可显示图片的处理状态，如已批准、审阅、待办事宜等。

图2-46 图片可通过关键字设定方便筛选及跨资料夹使用，步骤如下：①新建关键字；②每张图片可以有数个关键字，便于跨文件使用

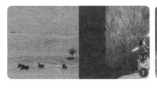

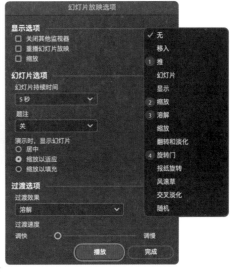

Adobe Bridge的幻灯片放映是图片演示的好工具。幻灯片的放映过渡模式很多,如推、缩放、溶解、旋转门及报纸旋转等,图2-47提供了四种视觉参考范例。

图2-47 共有十几种幻灯片播放效果,如①推、②缩放、③溶解、④旋转门

C | 在点击预览区域的图片时,会出现放大窗口,局部放大的区域可以随鼠标光标移动,提供详细的图片细节供浏览。

D | 元数据提供了档案属 性、IPTC Core(制作者及版权等信息),还有音频或视频等媒体文件的相关信息。

E | 档案预览模式可分为①缩览图网格、②缩览图形式、③详细信息、④列表形式。

在Adobe Bridge进行颜色设定,可以统一Adobe软件的颜色管理。选择"编辑"→"颜色设置"。

2.4 参考线与智能参考线

"智能参考线"是从InDesign CS4版本开始即拥有的功能。当鼠标靠近物件时，会自动提供相关数据与辅助线，帮助设计师轻松对齐与调整对象，真的很智能！请勾选"视图"→"网格和参考线"→"智能参考线"。

选择"编辑"→"首选项"→"参考线和粘贴板"，可设定参考线为"对齐对象中心""对齐对象边缘""智能尺寸"和"智能间距"等对齐状态，开启智能参考线可提高排版效率，尤其在处理对齐、均分与角度方面非常便利。同时，可以利用"首选项"中的"参考线和粘贴板"改变智能参考线的颜色，请参考"2.2 首选项"。

01 ｜智能间距

智能间距可以迅速协助设计师以更直观、更视觉化的对齐方式设置对象的间距（文本框或绘画框），它可以直接显示参考线的水平与垂直间距，确认对象间距是否相等。

02 | 统一对齐

统一对齐能够提供对齐参考线，以便快速对齐多个对象。当鼠标靠近时，智能参考线会为相邻对象的对齐提供辅助线，方便垂直水平与等间距对齐。

03 | 智能光标

智能光标可以随意调整对象大小，当鼠标接近对象外框时，即会自动出现对象的 X 与 Y 数值。

04 | 智能尺寸

对象经旋转后，当其邻近对象也进行旋转时，智能尺寸就会出现角度提示。旋转角度提示可帮助此对象和相邻对象以相同角度旋转。

此外，在缩放对象时，相邻对象的尺寸信息会自动出现，帮助被缩放对象快速比对相邻对象的宽度或高度，便于调整相等大小的框架尺寸。

不论是对象还是文本框，都可以使用智能参考线编辑，立即显示垂直或水平方向的各种参考数据，提高编辑的效率。

第3讲
InDesign工具概念介绍

这一讲将介绍InDesign最常使用的功能，包括
"3.1 工具箱""3.2 菜单栏""3.3 控制面板""3.4
浮动面板"。

基本上，Adobe的软件工具都有些相似性。比
如，当文件窗口开启时，工具箱大多位于工作
窗口的左侧，菜单栏都会配置于工作区最上方
第一列，控制面板列于菜单栏下方（第二列），
浮动面板则排列在工作区右侧。但可用"首选项"
中的"界面"修改工具箱位置及排列模式，或
自行在"窗口"下选择所需要的面板。

浮动工具面板: 单栏
　✓ 单栏
　　双栏
　　单行

图3-1：工具箱的位置及排列模式可以在"偏好设定"中的"界面"修改

3.1 工具箱

工具箱（图3-1，图3-2）也称工具栏或浮动工具，本章依属性将InDesign分为"选择工具""文字工具""页面工具""绘图工具""图形工具""框架工具""变形工具"及"导览与媒体工具"等，逐一在本单元内详细说明。工具箱下方的"填充工具""应用颜色工具""预览工具"等，都是常用的颜色设定及预览选项。

Ⓐ **选择工具**
　选择工具　　直接选择工具

Ⓑ **文字工具**
　文字工具　　直排文字工具　　路径文字工具　　垂直路径文字工具

Ⓒ **页面工具**　　　　　　　　Ⓓ 网格工具
　页面工具　　间隙工具　　水平格点工具　　垂直格点工具

Ⓔ **绘图工具**
　钢笔工具　　添加锚点工具　　删除锚点工具　　转换方向点工具
　铅笔工具　　平滑工具　　涂抹工具　　直线工具
　渐变色板工具　　渐变羽化工具　　吸管工具　　颜色主题工具

Ⓕ **图形工具**
　矩形工具　　椭圆工具　　多边形工具

Ⓖ **框架工具**
　矩形框架工具　　椭圆框架工具　　多边形框架工具

Ⓗ **变形工具**
　旋转工具　　缩放工具　　切变工具　　剪刀工具　　自由变换工具

Ⓘ **导览与媒体工具**
　抓手工具　　度量工具　　附注工具
　内容收集器工具　　内容置入器工具　　缩放显示工具

Ⓙ **填充工具**
　互换填色和描边　　格式针对容器　　格式针对文本

Ⓚ **应用颜色工具**
　应用颜色　　应用无　　渐变色板工具

Ⓛ **预览工具**
　正常　　预览　　出血　　辅助信息区　　演示文稿

图3-2 工具箱图示及所有隐藏选项

3.1.1 选择工具介绍

01 │ 选择工具

用来选取图形、文本框及辅助线等，可直接单选对象或同时按Shift键执行多选。选择工具主要选取的是整个框架，而不是单一节点（图3-3）。即使对象呈不规则造型，也会以对象最大范围的矩形框架呈现（图3-4）。被选取的框架有八个节点，拖拽任一点皆可进行框架缩放，加Shift键时框架会以X、Y轴等比例调整。

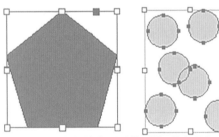

图3-3 上：以用"选择工具"选取的文本框为例，出现八个节点的框是正常的状态；下：当文字框的右下角出现红色加号时，代表还有文字未完整显现，这称为"溢流文本"，将字框范围拉大至加号消失，或按红色加号后，另拖拽一个新的文本框，形成串联文本框架，文字便可以连贯显示

02 │ 直接选择工具

若想要移动的是单一节点以进行变形，则需选择"直接选择工具"，点选单一节点（可加Shift键选择多个节点）。这个工具适合用来制作变形的框架（图3-5的右图），或是修改用钢笔工具或铅笔工具绘制的图形锚点。

"直接选择工具"也可当位置工具使用，用来移动或缩放框架内的图片内容。在使用"选择工具"时，框架与节点颜色均为蓝色（图3-5）。但若快速点击框架两下，"选择工具"会直接切换为"直接选择工具"，出现一个手形的小光标，按住手形小光标可以进行图片位置移动，此时，框架及节点是咖啡色（图3-6），用"直接选择工具"时亦可移动图片内容。调整咖啡色框上的节点，能够对框内图片进行变形及缩放。

图3-5 可运用直接选择工具，选择单一或复数节点（加Shift键）使框架变形，这也是InDesign中去掉简单背景的方法

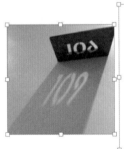

图3-6 上：双击框架即进入直接选择工具模式（出现小手图标），咖啡色的框是图片本身的大小范围，通常可以调整图片于框架中的构图位置；下：但要注意的是，若图片偏离框架范围，就会有不完整切割的风险

3.1.2 文字工具介绍

01 | 文字工具

"文字工具"包含水平文字和垂直文字。InDesign 置入文字是运用框架的逻辑，须先选文字工具，建立文本框，才可输入、贴入或导入文字。文本框的操作与Adobe其他软件的文字工具稍有不同，请特别留意。

也可运用工具箱中的"图形工具（矩形工具、椭圆工具及多边形工具）"及"框架工具"制作文本框，InDesign的文本框建立非常灵活，复制文字于图框内，即可在各种封闭造型框架内，插入填入造型的文字（如图3-7）垂直文字工具也是相同的操作流程。

02 | 路径文字

路径文字分水平及垂直路径文字，须先使用钢笔工具或图形工具制作开放或封闭路径（图3-8），再点击路径上的任一锚点作为路径工具的起始位置，需要注意的是，出现文字输入符号（+）才可以成功输入或复制文字于路径中。

水平或垂直文字工具的差别在于文字走向，水平路径文字工具输入的文字会与路径成垂直关系，而垂直路径文字工具所输入的文字与路径是平行的，即是完全顺着图形排列的。

"文字"→"路径文字"→"选项"可修改路径文字的特效与位置，请参考"4.7 路径文字工具"。

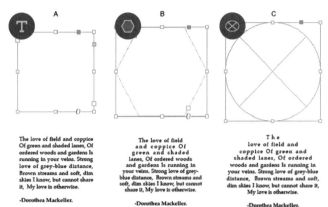

图3-7 左：用"文字工具"建立的文本框及应用；中：用"多边形工具"建立的文本框及应用；右：用"椭圆框架工具"建立的文本框及应用

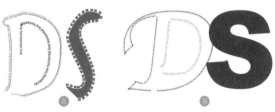

图3-8 左：开放路径；右：封闭路径

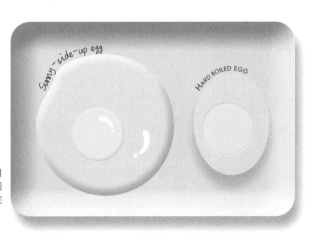

图3-9 可爱的早餐盘，是用路径文字顺着不规则及椭圆形排列的文字。这些画面完全是用InDesign制作的

3.1.3 页面工具介绍

这是 InDesign 较新的工具选项，适合用于在文件中建立特殊拉页或是封面设计。多数人习惯将书封面设计拿到 Illustrator 中执行，输出后再与内页进行装订。InDesign 的页面工具可以更方便地将书封、内页或特殊跨页整合在同一个文档中，但是有些印刷厂并不会这么做，因书封与内页在尺寸、材质或加工方式上大多不同，所以有些印刷厂在输出 PDF 文件时，还是会将书封与内文分成两个文件处理，以免混淆。以下范例是使用 InDesign 页面工具制作书封的说明。

书封操作步骤

第 1 步

先确认书封结构，基本上分为 5 个部分：封面、封底、书脊、勒口（两个）。这个步骤会因为文字排列及装订位置的差异，需要调换封面和封底的位置，可用一张白纸折一折，并标示封面封底，先确认方向是否正确（图 3-10）。

第 2 步

新建一个主页，将页数设定为 5 页（图 3-11）。然后，直接将 5 页的主页拉到页面浮动面板的页面区域（图 3-12）。

第 3 步

选择工具箱的"页面工具"，分别选择勒口及书脊页面，调整控制面板上页面的宽与高进行页面尺寸修改。如设定左右勒口宽为 15cm，中间书脊设定宽为 2.4cm，直接用页面工具调整即可，调整完开始置入图文进行封面的编辑（图 3-13）。

上述介绍的多页主页做法是作者最常用的书封尺寸设定方式，书封文件也可以用其他方式制作。较复杂的设定，请参考"8.2.2 书封制作"。

Ⓓ	Ⓑ	Ⓒ	Ⓐ	Ⓓ
勒口	封底	书脊	封面	勒口

Ⓓ	Ⓐ	Ⓒ	Ⓑ	Ⓓ
勒口	封面	书脊	封底	勒口

图3-10 书封由封面、封底、书脊、勒口构成。上：横式编排（左翻）书封的页面结构；下：直式编排（右翻）书封的页面结构。这些顺序很容易混淆，须小心确认

图3-11 在主页浮动面板的右边选单中，选择新建主页，并直接设定为5页的拉页

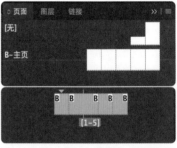

图3-12 将设了5页的主页拉到下方的页面浮动面板中，即完成了书封最基本的5个部分，分别是封面、封底、书脊和两个勒口

TIPS

小贴士：

勒口的尺寸如何设定？

每一家印刷厂都有不同的规范，尚佑印刷的印务建议至少超过50mm，最简单的算法是以封面宽度的 2/3 作为预留，这样不会因勒口太长而卡到装订处，也不会因勒口太短在翻书时书页会翘起。

书封都以完整展开图制作。

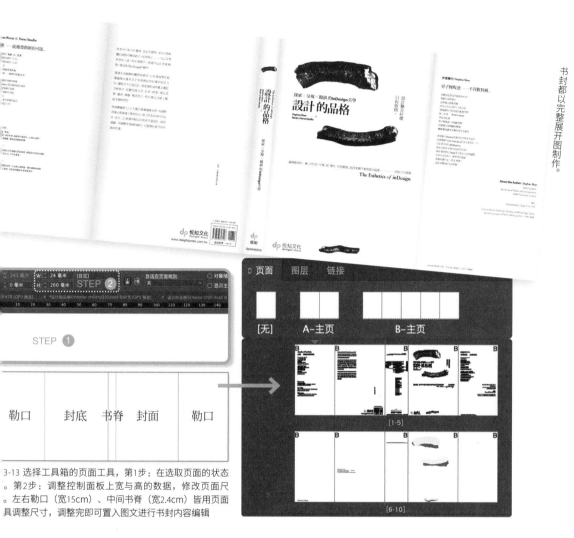

勒口　　封底　书脊　封面　　　勒口

3-13 选择工具箱的页面工具，第1步：在选取页面的状态。第2步：调整控制面板上宽与高的数据，修改页面尺。左右勒口（宽15cm）、中间书脊（宽2.4cm）皆用页面具调整尺寸，调整完即可置入图文进行书封内容编辑

幕模式可分正常、预览、出血及辅助信息区。可用辅助信息区的空白区域设置印刷的相关信息：文件用途及尺寸、Ⓑ裁切线、Ⓒ折线（图3-14）、特殊工艺标示（如烫金/上光等）（图3-15上）。

另外，满版图片或色块一定要做印刷出血设定（图3-15），出血色块须超出页面至少3mm，利用辅助信息区处理完稿及信息标示。

TIPS

小贴士：

在制作书封时，需要放置什么信息？

在书封上，除了放置书名、作者名、出版社名，以及希望读者不翻开书就能看到的广告文案之外，还有一些信息是必须要有的。勒口处多半会放置作者（译者）简介；书脊一定要放书名、作者名和出版社名，以便书置于书店书架上时，能让读者一眼找到；封底则大多是放置书籍的重点内容介绍、定价、书号（ISBN）、上架分类等信息。

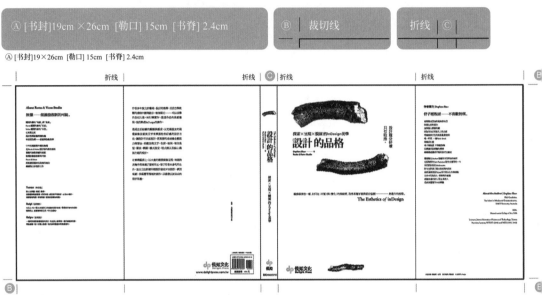

图3-14 这是第一版《设计的品格》的书封设计，运用辅助信息区的设定放置文件用途、信息、裁切线及折线等标示

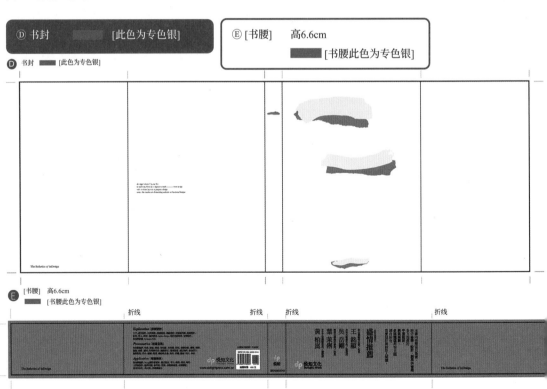

图3-15 这是第一版《设计的品格》的书封和腰封设计。上：版面上看到的桃红色其实是印刷专色银色的完稿；下：制作满版底图时，须特别注意底色或底图至少要有3mm的出血

3.1.4 绘图工具介绍

本书将工具箱中的铅笔、直线、钢笔、渐变以及渐变羽化工具皆归类为绘图工具。

图3-16 铅笔工具

01 │ 铅笔工具

铅笔、平滑及抹除工具，分别用于绘制、修改及删除铅笔图案（图3-16）。铅笔工具建议搭配数位板使用，效果较好，请参考"5.1 铅笔工具"。

02 │ 平滑工具

平滑工具可减少铅笔线条所产生的锯齿，设定对话框中的数值，可修改精确度与平滑度值，产生不同的平滑效果。

03 │ 抹除工具

如同橡皮擦，抹除工具可擦去铅笔、钢笔线条，或图形工具所构成的锚点图形。

04 │ 直线工具

主要用于绘制直线条，加上Shift键即可画出水平、垂直或与水平面呈45°的直线。可搭配线条浮动面板设定线条类型，例如，设定虚线的线条与间隙颜色的差异，可产生许多有趣的线条变化，请参考"5.2 线条工具"。

图3-17 钢笔工具

05 │ 钢笔工具

钢笔也就是贝塞尔曲线工具，包含了添加锚点工具、删除锚点工具及转换方向点工具（图3-17）。结合Shift键也可以精确描绘水平、垂直或水平面呈45°的直线。在绘制封闭图形时，最后一个锚点的光标右下角会出现一个小圆形。协助准确地连接开端的节点，以确保绘制完整的封闭图形。钢笔工具的操作请参考"5.3 钢笔工具"。

06 │ 添加锚点工具

添加锚点工具需搭配钢笔工具使用，在已绘制的线条上增加锚点，制作更复杂的转折细节。锚点需使用直接选择工具选取局部锚点执行移动等动作。

07 │ 删除锚点工具

删除锚点工具也须搭配钢笔工具使用，可删除过多或影响造型的锚点，让图案简化。

08 │ 转换方向点工具

钢笔工具可绘制直线或曲线，快速点选新锚点后立即放开鼠标，就是绘制直线的直线锚点；若确定新锚点位置后仍按着鼠标进行拖拽，则会出现双边控制杆的曲线锚点，产生曲线。转换方向点工具就是让直线与曲线锚点互相转换的工具。

09 │ 渐变色板工具

用于建立渐变色彩，可分为线性及放射状渐层两种内定模式。渐变制作的色彩可轻松套用在边框、线条、填色及文字上，在已选择的对象上拖拽鼠标，即可设定渐变的范围与方向，请参考"7.4 渐变面板"。

10 │ 渐变羽化工具

渐变羽化工具可应用于文字、图形及图片，让对象利用透明度自然融于背景，操作上也是使用鼠标在所选对象上拖拽产生半透明屏蔽，效果自然且快速。操作与范例可参考"6.4 渐变羽化"。

11 │ 吸管工具

可用来吸取色彩或样式，样式包括线条、字体、段落，或对象样式。在复制样式时，要先选取欲改变的对象，再用吸管吸取被复制样式的对象，即可完成套用。色彩可以从图形、照片中吸取。

12 │ 颜色主题工具

类似吸管工具，也是通过图片或对象吸取颜色，主题色吸管吸取后会自动产生一系列5种颜色的色彩组合，再将整组颜色新增至色板，建立适合自己或专题的色板（图3-18）。若不喜欢吸取后产生的色彩，可按Esc键重新选取一次，或按Option（苹果电脑）或Alt（其他电脑）键暂时切换至"挑选"模式，就可收集新主题色彩。按Shift键也可以从整组颜色（5色）单独挑选喜欢的颜色储存。整套颜色也提供依彩色、亮、暗、深、柔和等主题延伸的色彩，并可以分别储存为不同主题的色板文件夹。通常主题色自动产生的色彩协调性很高，很适合互相搭配，可参考"7.3.3 主题色"。

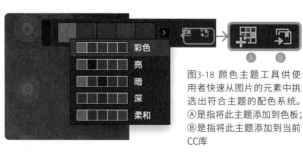

图3-18 颜色主题工具供使用者快速从图片的元素中挑选出符合主题的配色系统。Ⓐ是将此主题添加到色板；Ⓑ是将此主题添加到当前CC库

3.1.5 图形工具介绍

图3-19 图形工具

图形工具包含矩形工具、椭圆工具与多边形工具（图3-19）。

01 │ 矩形工具

矩形工具可绘制出矩形图案，若加Shift键就是正方形，再利用变形工具就可变成梯形或菱形。

02 │ 椭圆工具

椭圆工具可绘制椭圆，或加Shift键成正圆，也可以利用钢笔工具增加锚点变成花瓣等波浪形。

03 │ 多边形工具

多边形工具的预设值为六边形，只需双击多边形工具图像或加Option、Alt键，在多边形设定对话框修改"边数"，就可制作出三角形或其他多边形。对话框里的"星形内陷"是指多边形边线往中央集中的程度，可绘制星星造型，内陷的百分比越高，代表星形的尖角越锐利（图3-20）。

图3-20 多边形工具对话框里的"星形内陷"，是多边形边线往中央集中的程度，内陷的百分比越高，代表星形的尖角越锐利
上：绿色多边形，边数6，星形内陷20%；
中：蓝色多边形，边数6，星形内陷50%；
下：桃红色多边形，边数5，星形内陷70%

3.1.6 框架工具介绍

框架工具包含矩形框架工具、椭圆框架工具及多边形框架工具，主要在导入图片时使用（图 3-21）。

图3-21 框架工具

■ ⊠	矩形框架工具	F
⊗	椭圆框架工具
⊗	多边形框架工具

对于需要大量编排图片的文件，将框架运用在对象样式上来设定效果，即可快速在多张图片置入后产生同样的效果，请参考"6.7 多重图像的置入与链接"及"9.3 对象样式"。

框架工具与图形工具的差异是在正常屏幕模式下，框架工具中间会出现一个大叉。这是排版的图示，代表图片，但 InDesign 绘图的图形工具，与置入图片的框架工具间有很大的弹性，可以自动转换：填充颜色后就是色块；置入图片后就变成框架；导入文字就变成了文本框。框架的组合变化，可参考"5.4 路径查找器"。

01 ｜矩形框架工具

用于方形图片的置入，按 Option/Alt 键还可设定框架中心点。矩形框架工具搭配变形工具，能产生更多具有透视效果的立体变化，可参考"5.5 自由变换工具"。

02 ｜椭圆框架工具

提供圆形或椭圆形图片框，基本用法及设定与矩形框架一样。

03 ｜多边形框架工具

可制作边数为 3~100 的多边形，在对话框内可设定宽、高、边数及星形内陷。可搭配路径查找器运用交集或差集组合出更多造型。基本用法及设定与多边形工具一样。

3.1.7 变形工具介绍

变形工具是工具箱中可改变形状的工具，有旋转工具、缩放工具、剪刀工具、切变工具及自由变换工具（图 3-22）。

图3-22 变形工具

■ 🡕	自由变换工具	E
↻	旋转工具	R
⤢	缩放工具	S
⤢	切变工具	O

01 ｜旋转工具

除了在工具箱可以找到旋转工具，在选择工具的控制面板也有旋转图示。旋转工具适用于文字或对象，在控制面板中可锁定等比或分别设定X轴与Y轴的缩放比例。按Option/Alt键可定位旋转的轴心，可尝试运用中心偏移的方式进行对象旋转复制的动作，能产生非常有趣的螺旋图案。可参考"5.6 再次变换工具"。

02 ｜缩放工具

缩放工具可进行对象的放大或缩小，按 Shift 键可等比缩放；按 Option/Alt 键能定位缩放的圆心，也可以尝试偏移中心点进行缩放复制（图 3-23）。双击缩放工具调整 X、Y 轴缩放比例后，选择"复制"，原有的对象不但会保留，还会依设定的缩放比例复制新对象，可参考"5.6 再次变换工具"进行更多有趣的变化。

图3-23 左：圆形缩放在正中心点，圆心、比例80%；右：方形缩放的中心点，右下、比例80%，中心点偏离就产生了离心的效果

03 | 自由变换工具

使用自由变换工具，可以任意变形出上述的效果，与"对象"→"变换"中的移动、缩放、旋转、切变相同，也可以选择"窗口"→"对象和版面"→"变换"的浮动面板执行相似的动作，可参考"5.5 自由变换工具"及"5.6 再次变换工具"。

04 | 切变工具

可将矩形变成梯形或菱形，这都是将对象倾斜产生的效果，利用倾斜造成透视感。该功能与菜单栏"对象"→"变换"中的移动、缩放、旋转、切变是一样的，可参考"5.5 自由变换工具"。切变工具适用于块面、线条、文字及图片。在 InDesign 中制作倾斜效果相当简单，文字不需建立外框，文字或图片都还会配合倾斜角度变形，封闭或开放框架皆可进行（图 3-24）。

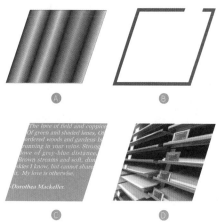

图3-24 Ⓐ块面倾斜；Ⓑ密闭或开放线条皆可倾斜；Ⓒ文字倾斜后仍可编辑；Ⓓ置入的图片也可以跟着倾斜调整

05 | 剪刀工具

须用剪刀"切"出至少两个分割点，才可切割图形中的部分线段。使用剪刀工具所分割的线段须使用直接选择工具选取后，才能移动或删除，并不像删除锚点工具那样会直接变形。

剪刀工具设的分割点可以在框架的任何一处，并不限于锚点，并且不会破坏对象原本的外形，这与锚点删除工具很不相同。

图3-26 左：用剪刀工具去掉一部分线段，再用直线工具在起始点设定增加圈圈与小线段；中：用剪刀工具去掉一部分块面，再用直接选择工具将已分割的块面移位；右：用剪刀工具去掉部分线段，再用线条工具选择不同的线条样式

图3- 25 三张运用变换工具及再次变换工具制作连续图形的海报

3.1.8 导览与媒体工具介绍

导览与媒体工具主要功能为协助工作窗口的移动、放大、缩小及提高操作效率，例如，"抓手工具"可用于移动工作窗口，"度量工具"提供尺寸数据，"缩放显示工具"方便调整窗口大小等。此外，"附注工具"相对较为陌生，但其功能类似Word的批注，可作为团队工作沟通的工具。

01 | 抓手工具

用于移动工作窗口而非移动对象位置（可比较"3.1.1 选择工具介绍"）。当工作区经放大检查或窗口范围已偏离页面工作区时，只要快速点击两下抓手工具，工作窗口可迅速回到页面或跨页最大显示范围，这个工具与"视图"→"使页面适合窗口"及"使跨页适合窗口"作用一样。

在操作工具箱的其他工具的同时，只须按住键盘的空格键，即可自动转换为手形工具，既不会影响目前正在使用的工具，还能同时调整工作视窗。

02 | 度量工具

可用来测量版面或对象的尺寸，与吸管工具并列。使用度量工具请先用鼠标选择所需测量对象的范围，画面上即出现度量尺标（两边十字线），数据即呈现于"信息"浮动面板中。

其实，智能参考线提供尺寸、间距，甚至角度等更方便，只要至"视图"→"网格和参考线"，勾选"智能参考线"即可显现。请参考"2.4 参考线与智能参考线"。

03 | 缩放显示工具

缩放显示工具是针对工作窗口画面的缩放工具，而不是对象的比例缩放（请比较"3.1.7 变形工具介绍"的"缩放工具"）。通常缩放显示的预设值是放大镜（加号）。缩小工作画面按Option/Alt键即可（减号）。快速点选两下缩放显示工具，窗口会以实际大小的比例显示，与"视图"→"实际尺寸"效果相同。也可搭配手形工具让页面符合窗口。

04 | 附注工具

类似Word的批注，通过文字批注，让共同参与者了解制作时的注意事项。为了方便辨识，附注面板还供使用者选择各自的批注颜色；为了方便浏览也可设定批注锚点，还能使用附注面板的前后箭头跳至设有附注的页面。此外，附注文字也能直接保存为PDF格式。

3.2 菜单栏

下拉式菜单栏位于工作窗口最上端,是以文字呈现的工具选单,涵盖软件内大多数功能。由左至右依次为"文件""编辑""版面""文字""对象""表""视图""窗口""帮助"九项。

01 │ "文件"下拉菜单

02 │ "编辑"下拉菜单

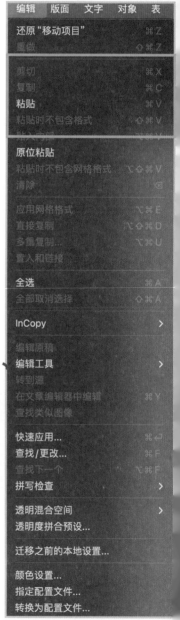

下拉菜单栏工具太多，无法详述，用颜色为读者将工具进行分类：绿色表示建议使用快捷键，红色表示建议使用下拉菜单，蓝色表示建议使用控制面板，橘色表示建议使用工具箱，黄色表示建议使用浮动面板。这些都是笔者多年的经验。

■ 建议使用快捷键
■ 建议使用下拉菜单
■ 建议使用控制面板
■ 建议使用工具箱
□ 建议使用浮动面板

03 | "版面"下拉菜单　　04 | "文字"下拉菜单

05 | "对象"下拉菜单

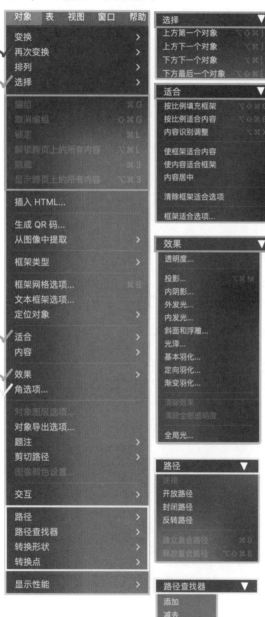

06 | "表"下拉菜单

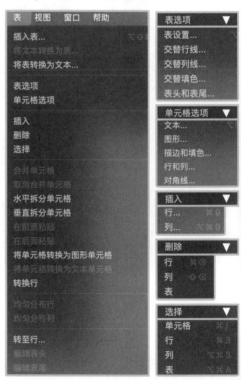

07 │ "视图"下拉菜单

打开文件时若发现工作窗口没有出现左侧的工具箱，请在"窗口"勾选"工具"。同样，上方的控制面板未出现时，请于"窗口"勾选"控制"。其他浮动面板也一样可在"窗口"菜单栏找到。

- 建议使用快捷键
- 建议使用下拉菜单
- 建议使用控制面板
- 建议使用工具箱
- 建议使用浮动面板

08 │ "窗口"下拉菜单

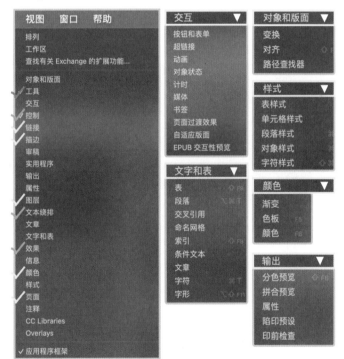

09 │ "帮助"下拉菜单

3.3 控制面板

控制面板位于工作窗口上方的菜单栏下方，搭配工具箱会呈现不同面板的状态。许多工具会以图示出现在控制面板中，更加好用。

本节以常用的五种控制面板进行导览，分别是"3.3.1 选择控制面板""3.3.2 字符格式控制面板""3.3.3 段落控制面板""3.3.4 网格控制面板""3.3.5 页面控制面板"。

打开文件，进入文件窗口，控制面板的预设状态是开启的，若没有自动出现，请选择"窗口"→"控制"。

3.3.1 选择控制面板

搭配选择工具和直接选择工具时，会出现选择控制面板，主要提供定位、尺寸、缩放变形、旋转、切变、翻转、选取、线条、对象效果、文本绕排、转角选项及适合等图示工具。这些工具都与菜单栏内"对象"或"窗口"中的"对象和版面"浮动面板相似。工具箱中大多数与对象框架相关的工具也都是搭配着选择控制面板使用的。

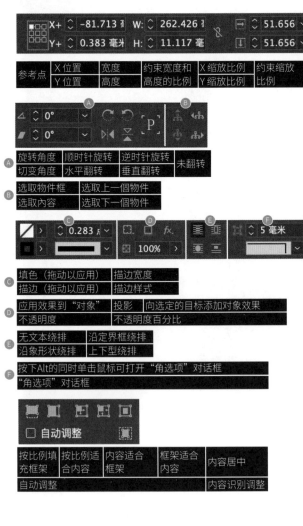

3.3.2 字符格式控制面板

在工具箱选择"文字工具"的状态下，会出现设定文字属性的控制面板，面板上方的"字"就是字符格式控制面板，以选择字体、字号、基线位移、字体样式、大小写、字符缩放、字距微调、比例间距、指定格点数，还有字符前后距离及段落对齐等选项。更多文字的设定可选菜单栏"文字"中的"字符样式"及"段落样式"，请参考"第9讲　样式设定"。

■ 搭配"文字工具"　■ 搭配"段落样式"设置

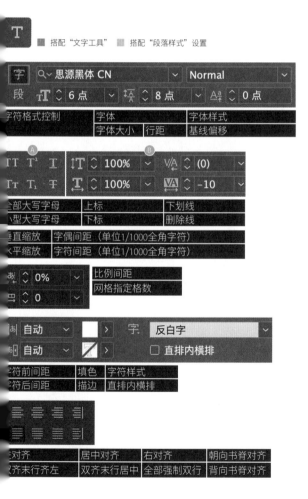

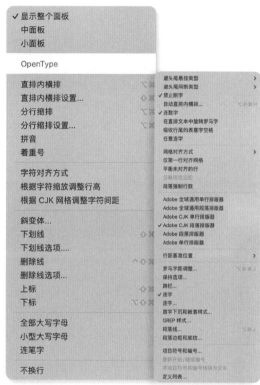

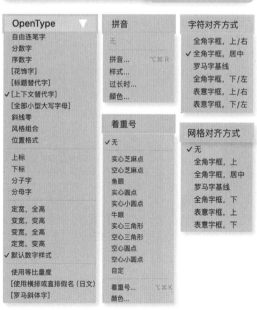

3.3.3 段落控制面板

段落控制面板也会在工具箱"文字工具"被选择的状态下出现。控制面板下方的"段"字就是指段落控制面板，与字符控制面板内的项目部分相同。主要差别在于行与段落上的设定，如缩排、行数、段前段后间距。段落样式设定常使用的"首字下沉"等辅助样式在段落控制面板中也可以找到。

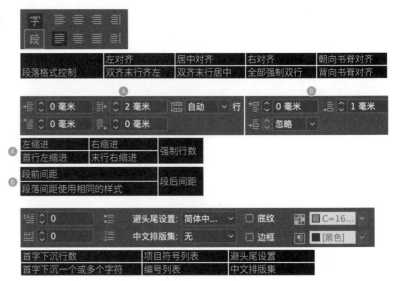

| 段落格式控制 | 左对齐 | 居中对齐 | 右对齐 | 朝向书脊对齐 |
| | 双齐末行齐左 | 双齐末行居中 | 全部强制双行 | 背向书脊对齐 |

Ⓐ	左缩进	右缩进	强制行数
	首行左缩进	末行右缩进	
Ⓑ	段前间距		段后间距
	段落间距使用相同的样式		

| 首字下沉行数 | 项目符号列表 | 避头尾设置 |
| 首字下沉一个或多个字符 | 编号列表 | 中文排版集 |

■ 搭配"文字工具"

3.3.4 网格控制面板

网格控制面板仅在使用"网格工具"时出现，前半段设定与选择控制面板类似，主要差别在于设定网格文字的垂直水平变化、字间距、网格样式，以及网格字体大小等。

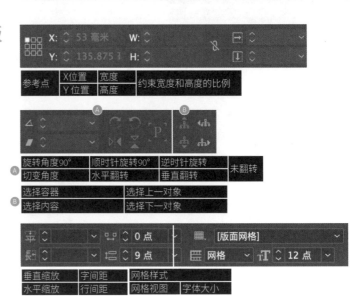

| 参考点 | X位置 | 宽度 | 约束宽度和高度的比例 |
| | Y位置 | 高度 | |

Ⓐ	旋转角度90°	顺时针旋转90°	逆时针旋转	未翻转
	切变角度	水平翻转	垂直翻转	
Ⓑ	选择容器	选择上一对象
	选择内容	选择下一对象

| 垂直缩放 | 字间距 | 网格样式 | |
| 水平缩放 | 行间距 | 网格视图 | 字体大小 |

■ 搭配"网格工具"

3.4 浮动面板

浮动面板通常位于工作窗口的右侧，可以在"编辑"→"首选项"→"界面"中改变单栏、双栏及单行的模式。未开启的浮动面板，请在"窗口"下拉菜单中寻找。浮动面板与菜单栏或控制面板都有许多重复的工具（图3-27—图3-30），这里提供了最好用的几种浮动面板，分别为对象浮动面板（图3-31、图3-32）、编辑浮动面板及输出浮动面板（图3-33）。

3.3.5 页面控制面板

页面控制面板出现在选择"页面工具"的状态下。主要提供的工具有参考线、页面尺寸列表、自适应页面规则、对象随页面移动及显示主页叠加等设定项目。自适应页面可为多种不同大小、方向的页面设计内容。使用自适应页面规则，可让内容适合输出大小。

01 对象浮动面板

图3-27 描边浮动面板，起始结束及间隙颜色都是好用的设定

图3-28 对齐浮动面板，分布间距可以提供精确的对齐

图3-29 色板浮动面板，右上菜单隐藏了载入色板的好工具

图3-30 路径查找器浮动面板，提供图示说明，简单易懂

02 编辑浮动面板

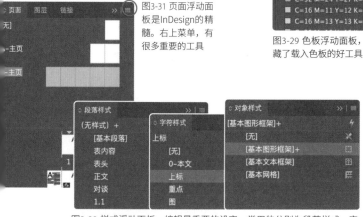

图3-31 页面浮动面板是InDesign的精髓。右上菜单，有很多重要的工具

图3-32 样式浮动面板，编辑最重要的设定，常用的分别为段落样式、字符样式及对象样式

03 输出浮动面板

图3-33 链接浮动面板，是输出前最重要的把关站

02

视觉的创意

The
Es
of
InDesign

很多人认为InDesign是排版软件，而忽略其绘图及图片处理的能力，本书将通过此章教大家如何运用InDesign制作素材，创造出自己的视觉元素。熟悉InDesign好用的绘图及图片处理功能，可让排版工作事半功倍。

根据《视觉语言》（*Visual Language*，Robert E. Horn, 1998）所说，视觉语言分三种主要元素：文字、形、图像（其中"形"是指2D的形）。笔者在教授设计课程时也是用这三个分类来探索视觉元素的。本章也依序用文字、形及图像介绍运用InDesign创造各种视觉效果的素材的方法。

第4讲
视觉元素：文字

文字充斥在我们日常生活的各种事物中，包括书籍、刊物，以及环境中的广告、标识、告示等。它们可以是友善的、娱乐的，用于提供信息和知识，也可以是一种带有宣言或抗议性质的视觉媒介，如涂鸦或集会宣传物。我们和黄震中老师与《字型散步》的作者，即"字嗨"版主柯志杰先生，一起来探讨、丰富本讲。

4.1 文字初识

字体会让人产生什么样的联想？俄国作家列夫·托尔斯泰的长篇小说《战争与和平》(*War and Peace*)，若改编的电影使用了不同的片名字体，是否会让人感受到不同的电影氛围（图4-1）？

字体可以表现客观性或主观性，也可以呈现理性或感性，或者呈现不同年代的时空背景。例如，Arnold Boecklin字体就代表了新艺术风格的字体。这些字体能否向你传达书籍或电影想表达的剧情重点？是历史、战争，还是爱情呢？

01 │ 字体分类

字体主要分成无衬线体及衬线体两大类（图4-2）。

衬线字体在字的笔画开始、结束的地方有额外的装饰，且笔画的粗细会有所不同。多数衬线体给人正式的感觉（从文字发展史来说，衬线体是发展较早的字体），所以衬线体常见于报纸、杂志的内文或标题。衬线体的一大特色，是小字号的状态下易读性较好，若是6号或更小的广告字体，建议多选衬线体。Garamond、Georgia、Palatino及Times都是受欢迎的英文衬线体字体，中文最常用的就是宋体了。

反之，无衬线体是随着铅活字印刷技术的发展而发展出来的较新的字体。因为笔画粗细一致，用在标题上显得特别有分量，也因字体简洁而给人带来现代感。广泛运用的英文无衬线字体包括Arial、Avant Garde、Helvetica、Lucida等，中文则以黑体最具代表性。

除了衬线体与无衬线体的分类，中文字体还可分为印刷体与手写体。印刷体包含宋体及黑体（包含圆体）等；手写体包含楷体、隶书及行书等（图4-3）。

同样，英文字体除了衬线与无衬线的分类，也可分为印刷字体、手写字体、歌德式字体及展示体等（图4-4）。

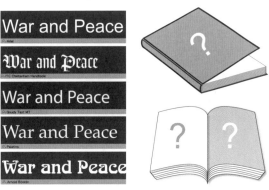

图4-1 若将左边五种字体套用到封面的书名设计中，是否会让读者接收到不同的传达重点

图4-2 1-2：衬线体，3-4：无衬线体

图4-3 不论是在亚洲国家还是在西方国家，手写体经常被应用于招牌上。手写体似乎有着正统的东方色彩

设计的品格

Stencil 字体也是比较特殊的字体，它是根据喷漆型板的概念设计的字体，常见于我们小时候学校木头座椅上喷漆的编号字型（图 4-6）。

图4-4 日常的路标、招牌、商品包装，都有许多字体的呈现，如印刷字体、书写字体、歌德式字体及展示体等，我们在旅行或散步的过程中，都可以领略字体的美丽

图4-6 笔者小学六年四班的回忆，运用切变工具做出椅子与字体的透视感，仿Stencil的字体是用Aria字体建外框后，以路径查找器的排除重叠切割出字体的断线，最后用基本乎化做出喷漆不均匀的质感

图4-5 1-2：浮雕，3-4：花体

02 | 文字基本属性

在InDesign的字符格式控制面板中，有六种文字属性的图示选项：全部大写、小型大写、上标、下标、下划线及删除线（图4-7）。

大写："窗口"→"控制"→TT

小型大写字："窗口"→"控制"→TT

在选择该功能之前，须将首字母设定为大写，其他字母设定为小写，然后点击才可产生效果；原本的小写字母就变成比字首大写字母小一号的大写字母。

下划线搭配线条可以用在标题上（图4-8），可提高段落分隔的效果，可参考"9.1.2 下划线选项"。

另外，还有字体类型的选择，如常规、斜体、加粗等变化（图4-9），运用家族类型可以提高文字的层次感，在统一中又能看出变化。

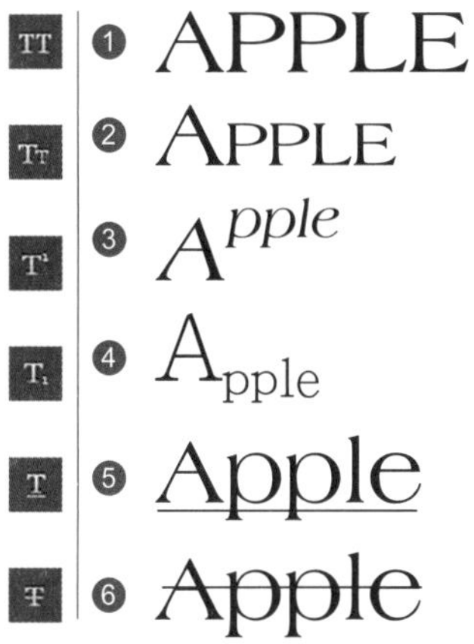

图4-7 ①全部大写；②小型大写；③上标；④下标；⑤下划线；⑥删除线

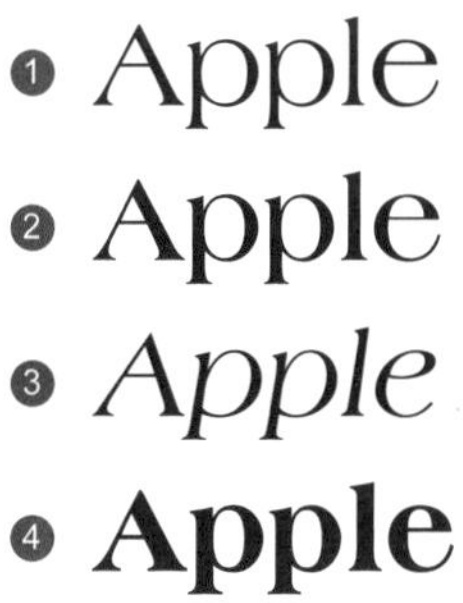

图4-9 ①常规；②粗体；③斜体；④大号黑体。参考字体为Americana

图4-8 下划线可作为强调标题的设计之一，通过线条工具的间隙颜色产生有趣的变化，请参考"5.2 线条工具"

03 | InDesign的其他文字设定

拼音设定

在此建议直接使用拼音字体，因为拼音字体本身已经将拼音与中文字绑定，并且直接设定在文字右侧，不管打直式还是横式，拼音都只能出现在右侧。

着重号

着重号主要用于日语和古汉语（其他语言少见），InDesign有几种预设图案（实心芝麻点、鱼眼、圆点、牛眼、三角形等）可以选择。着重号位置也可以设定在字的左/下或右/上，并可设定着重号的大小及着重号与字的位置关系（距离），可参考"9.1.5 着重号"。

TIPS

小贴士：

调整下划线

当字体大小不同时，下划线自然就会高低不等。为了避免这种视觉干扰，可以运用"控制面板"右侧隐藏选项→"下划线选项"调整偏移量，来调整底线与文字的位置。右图中上为未经过下划线偏移量调整的文字，下为经过下划线偏移量调整的文字。

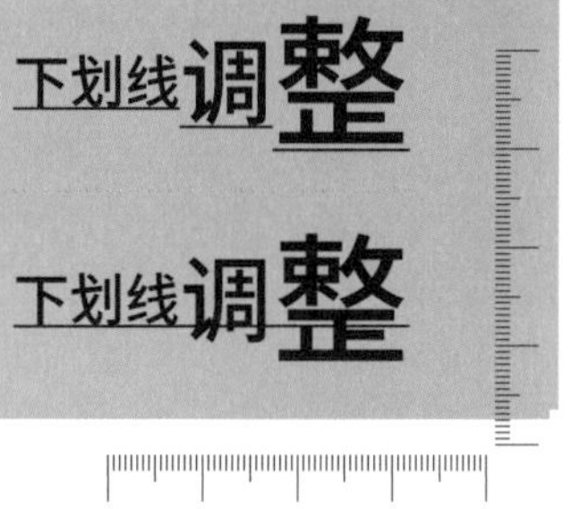

4.1.1 英文大小写的比例架构

字体设计大多先确定结构（骨架），再加上笔画（肌肉），之后陆续考虑其他装饰性元素。本章将介绍基本的英文字体的架构与笔画原理。除了垂直比例外，宽度也会影响字体结构。字体类型中也常有窄字与宽字的变化体，都可加以应用。

01 ｜ 英文大写的比例架构

英文大写主要由三条线构成（图4-10），分别为上缘线CL1、中线（腰线）CL2，以及下缘线CL3，中线将文字切割为上下两部分。大写中线的位置可以自行调整腰线，高字体显修长，腰线低字体显矮胖，这是影响字体比例差异的因素。

图4-10 由大写上缘线CL1、大写中线（腰线）CL2，以及大写下缘线CL3构成，中线将大写字母切割成两部分，大写中线的位置可以调整（字体：DIN Alternate Medium）

02 ｜ X-height

X-height是依据小写字母x所设定的高度。26个小写字母的重心都要充分落在X-height范围内，其中只落在X-height范围内的字母包括a、c、e、m、n、o、r、s、u、v、w、x、z；延伸到上缘线的字母有b、d、f、h、i、k、l、t；延伸至下缘线的字母有g、p、q、y、j。

若是X-height设定一样的字体，就算字号不同，在视觉上也还是容易被判断为同级数的字（图4-11）。反之，如果是字号相同，但X-height设定不同的字体，就会给人字号不一样的错觉（图4-12）。

X-height如何影响排版呢？如报纸上广告版面很小，通常选用6号以下的字级，建议挑选X-height高的字体，视觉上有放大效果，便于阅读。许多公共场所或交通运输的环境标识字体设计，通常也会选X-height高的字体，即使在较远距离也仍有较好的辨识度。美国高速公路道路标识前后期用的字体Clearview或Highway Gothic都是X-height较大的字体。反之，选择X-height较小的字体，视觉上会有缩小的细腻感，若你的客户要求大级数字体，不妨选择小X-height的字体，这也是设计师在清晰与美感间达到平衡的折中选择。

esthet

Ⓐ Baskerville /40pt

图4-11 两组字号不一样的字，会因X-height的高度接近，产生视觉上的一致

esthetic

Ⓒ Arial /30pt

图4-12 两组字号一样的字，会因X-height的高度落差，产生视觉上的差异

03 ｜英文小写的比例架构

英文小写由五条线构成，也有上缘线、中线与下缘线，但比英文大写多了SL2、SL4，它们之间的距离被称为X-height（图4-15）。X-height的设定很重要，是决定小写字架构比例的关键。

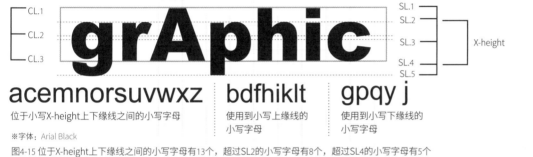

CL.1
CL.2
CL.3
grAphic
SL.1
SL.2
SL.3
SL.4
SL.5
X-height
acemnorsuvwxz
位于小写X-height上下缘线之间的小写字母
bdfhiklt
使用到小写上缘线的小写字母
gpqy j
使用到小写下缘线的小写字母

※字体：Arial Black

图4-15 位于X-height上下缘线之间的小写字母有13个，超过SL2的小写字母有8个，超过SL4的小写字母有5个

A与B两组字体（图4-11，图4-13）哪个较大呢？ A组Baskerville字体的字号是40磅，大于B组Georgia字体的34磅。因Georgia字体的X-height较大，所以虽然字号小，视觉上却有膨胀感。视觉上两组字体像是同级数字体，是因为人们会根据X-height去判断字级的大小。

C与D两组字体（图4-12，图4-14）哪个较大呢？ C组Arial字体与D组Futura字体都是30磅。但Arial字体的X-height比Futura字体的大，所以就产生了Arial大于Futura的感觉。

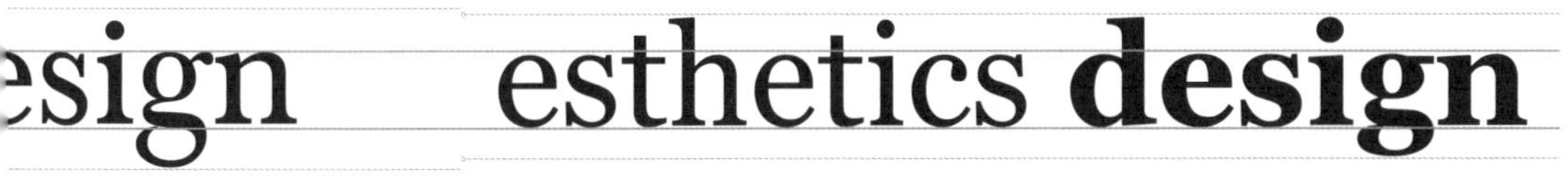

esign
esthetics **design**

B Georgia **/34pt**

图4-13 两组文字在视觉上看起来大小接近，那是因为两组字的X-height设定一样，其实左边的字号为80pt，右边的字号只有60pt

sign
esthetics design

D Futura (TT) **/30pt**

图4-14

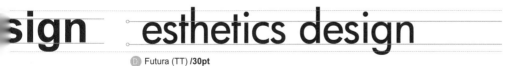

4.1.2 汉字比例架构

九宫格是中文造字的基础结构，当然也有其他创意的设计。

文字骨架特征分为：形状（汉字本身就有方形、圆形、菱形、三角形的基本形状，图4-16）；中宫（九宫格的正中间、影响字体结构的紧与松，图4-17）；重心（视觉的中心点比实际的正中心偏高）；线条笔画（图4-18）。以上皆为汉字造字的基本原则。

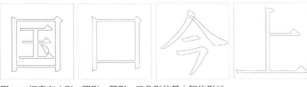

图4-16 汉字有方形、圆形、菱形、三角形的基本架构形状

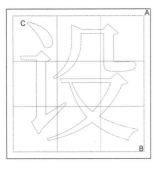

图4-17 汉字字体基本造字九宫格内：A是字身、B是字面、C是字面率等

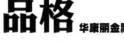

图4-18 每个字体的文字线条笔画可进行粗细、衬线、转角等区别设计

4.1.3 笔画设定

利用笔画设定建立不同粗细的字体类型，如细体、常规、半粗体、粗体或大号黑体等。

感谢"字嗨"版主柯志杰先生接受访谈，他分享了创造中文字体的工作理念：首先，分析所有字的笔画（只是汉字实在太多了），然后找出系统创造字体，最后还需要进行微调，一种字体的设计有时需要花上几年时间。

相对而言，英文的笔画较少，基础笔画有垂直线、水平线、斜线、弧线、连接线等（图4-19）。在讲求个性风格的时代，设计师也可在InDesign绘制基本笔画后，选择"文件"→"新建""库"，将基础笔画储存于库中（图4-20的③），再从库中拖拽部首，于文件中组合字母，创造出专属自己的标题。

InDesign的库可跨文件应用，所以可以轻松、反复地运用这些素材。

图4-19 英文字母基础笔画分析，可做笔画设计的参考

操作步骤

第 1 步

"文件" → "新建" "库"。需先存储库。

第 2 步

存储完自动产生跨文件的indl文档（图 4-20 的②）。

第 3 步

直接拖拽文字、图片甚至版式至库浮动面板，即可开始编辑工作了（图 4-20 的③）。

Fonts 程式库.indl　　Fonts 程式库.indl

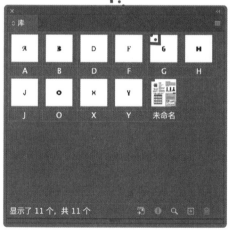

图4-20 ②中左图是较旧版本的库图标，右图是InDesign 2020本的库图标

4.1.4 衬线设计

"4.1 文字初识"中介绍了中英文的基本分类：衬线体与无衬线体。衬线的设计犹如人们身上的装饰品，可十分醒目，亦可非常低调（图4-21）。可以设计均匀利落的直线线条，或者较为古典的圆弧线条。

图4-21 衬线也是字体设计重要的元素。字体设计师设计的衬线可以很醒目，也可以很低调

TIPS

小贴士:

文字的情感表达

文字是可以表达感情的，利用一些单字，运用单字本身的含义，再运用编排、质感化或立体化的方式，如空间感（2.5D/3D）、切割、揉捏、破坏等，即可表达某种情感。

4.1.5 装饰设计

字体集提供了许多装饰性强的字体，我们可以从中选用，也可以运用InDesign自行创造。选用现成的字体时，执行"文字"→"创建轮廓"把文字转换成矢量图形，修改框架上的锚点或加入图片，用"窗口"→"对象和版面"→"路径查找器"进行合并、套用材质或效果立体化等，这些都是好用的文字设计工具，请参考"4.6 文字工具"。

4.1.6 创意标题

我们可以尝试运用InDesign设计出自己的标题，除"4.1.3 笔画设定"及"4.1.5 装饰设计"提到的方式外，也可以自行设计结构，如格子（图4-24的①）、点（图4-24的②），或其他辅助线（图4-24的③），英国伦敦泰特美术馆的logo标准字，就是以渐变的点构成的（图4-5）。

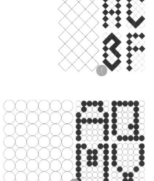

图4-22 ①为Arial Bold建立外框；②创建轮廓，并运用工具箱的剪刀工具切割，再位移复制作切割效果；③创建轮廓，运用转换方向点工具，创造尖锐效果；④创建轮廓，剪刀工具纵向切割，创造折叠效果；⑤同④的设计；⑥做成点阵化效果

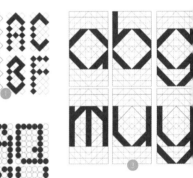

图 4-24 运用不同的格子或辅助线可创作专属字体

图4-23 ① 字体：Rosewood；②字体：Giddyup Std；③字体：Mesquite Std；④字体：Bickham Script Pro再加上钢笔工具绘制的白色波纹；⑤字体：Franklin Gothic Medium，先创建轮廓，修改尾部锚点并绘制花草图案组合

图4-25 英国伦敦泰特美术馆的logo标准字就是用网点架构设计的

设计练习：设计专属标准字

图4-26 上："小研圈"标准字（设计：胡芷宁）；中：隅果女性刊物标准字（设计：隅果）；下："皡皡"标准字（设计：皡皡团队）

通过下列三种技巧，让我们一步一步来完成专属自己风格的特色字体吧！

01 ｜ 用现成字体进行字距调整

许多知名品牌喜欢用经典的字体，运用非衬线体的实例有：奢侈品牌LV，使用的是Futura字体；FENDI使用的是Helvetica字体，再通过字距的调整，排列出优美的logo。而美式居家品牌Crate & Barrel、3M及Epson的标准字也选择了Helvetica字体（可参考日本字体设计师小林章的《字型之不思议》）。或许，我们也可以学习通过调整文字之间的距离，创造出不同质感的文字logo。

02 ｜ 创建轮廓

以电脑字体为基础（这些字体已具备良好的比例与结构），先创建轮廓后再进行架构或笔画调整。例如，将方正的边缘改为圆弧，加点破格的质感，或是移动部首。"小研圈""隅果，故事""皡皡"的专题标准字，都是利用电脑原有的黑体、圆体或宋体改造而成的（图4-26）。

03 ｜ 运用钢笔工具绘制

只要掌握好字体结构及笔画，就可创造自己的字体！图4-27的范例是运用钢笔工具描绘出自己的姓氏汉字，再利用线条及颜色进行变化，结合版面构图、比例，设计出自己专属的名片，可参考"5.3 钢笔工具"。

图4-27 运用自己的姓氏汉字，用钢笔工具绘制较抽象形态的字而延伸的名片设计（设计：缪易庭）

4.2 单位和增量

文字单位主要分为高度的度量及宽度的度量。

01 ｜字高度量

字高单位有4种，常见的是：美式的点（Point，pt，俗称磅）、日规的级，另外还有我们较少接触的欧规迪多点制（The Didot System）和公制（The Metric System）系统。在功能表清单"编辑"→"首选项"→"单位和增量"可进行文字的单位设定，可参考"2.2 首选项"。

60磅的字在版面上是多大呢？适合何种搭配？

在排版的过程中，可能需要反复打印文件纸样，实际目测行字号调整。所以，若能在脑海中先建立字级实际大小的念，将可提升编辑效率。

72磅约为2.53厘米。

试着用拇指与食指比出来这个高度（2.53厘米）并且熟记，后对字级就不再那么陌生了。81页表1提供了字体高度系纳单位换算的基础数值。请记住：72 pt = 6 Picas = 1 inch = 2.53

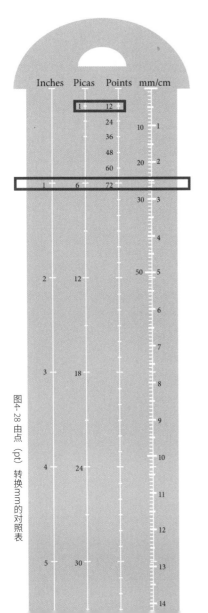

图4-28 由点（pt）转换mm的对照表

6 pt	2.11mm
8pt	2.81mm
9pt	3.16mm
10pt	3.51mm
11pt	3.87mm
12pt	4.22mm
14pt	4.92mm
18pt	6.33mm
24pt	8.43mm
30pt	10.54mm
36pt	12.65mm
48pt	16.87m
60pt	21.08
72pt	25.3

pt（点）　1pt = 0.3514mm

及1pt=0.3514mm这两个最重要的公式（图4-28）。表2是字体级数参考使用表，里面为常用的设定值，图注或附注约5~7pt，内文约7~14pt，标题设定14pt以上。但这都只是常用设定而不是标准设定，要掌握好字级间的协调性及层次感，其实设计是灵活的，可参考"9.2 段落样式"。

图4-29 由点（pt）转换mm的对照范例

表1 字体高度度量单位

度量	美制	欧制	国际制（十进制）
系统换算	point（磅）	didot	mm（毫米）
单位换算	1 point = 0.0138 inch 72 point = 6 picas = 1 inch 1 picas = 12 point	1 cicero = 1 didot 14 cicero = 15 picas 1 picas = 12 point	1 inch = 25.3mm = 6 picas = 72 point
换算	72 pt = 6 Picas = 1 inch = 2.53 cm 1pt＝0.3514mm		

表2 字体大小参考使用表

文字类型	用途	字体大小（pt）
最小印刷	分类广告 报纸分类、公告 图注或附注	5、5.5、6、7
内文	内文 书、杂志、报纸	7、8、9、10、11、12、14
标题	展示 头条、标题	14、18、20、24、30、36、48、60、72
展示文字	海报	
海报、展览	96、120、144或更大	

02 │ 字宽度量

常用的"字宽度单位"也称为em，是字体排印学的计量单位。这个单位的计量常以十进制或以100或1000为分母的分数表达（图4-30）。

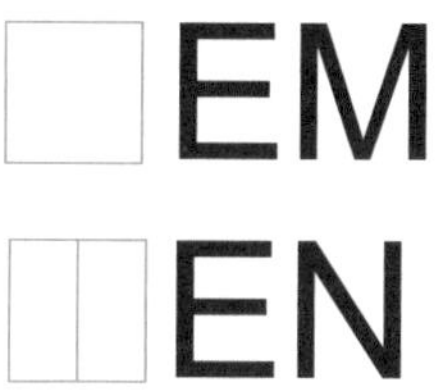

此外，"全角和半角"是电脑里中、日、韩、越统一表意文字字符的显示格式。中、日、韩文字显示宽度是西文字符的两倍，因此，中、日、韩等文字称为全角字符，而欧文字母或数字就称为半角字符。

中文字的字宽称为全角空格，2bu=1/2全角空格，4bu=1/4全角空格（图4-31）。在应用复合字体时（中英文组合应用的设定），中文内容要选全角的标点符号，英文与数字则选欧文的半角字，请参考"9.5 复合字体"。

EM
EN

图4-30 字宽的单位称为em，另一个单位是en，1em=2en

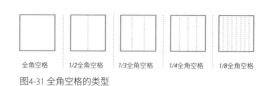

全角空格　1/2全角空格　1/3全角空格　1/4全角空格　1/8全角空格

图4-31 全角空格的类型

4.3 字距

字型有自动调整字距的功能，不过因外文字母结构宽窄比例相差较大（如 I 与 W），设计人员仍可依视觉舒适度自己调整字距。

试着观察右侧几组字，字母的字面率会造成字间空间疏密不均。例如，A（正方形）与 V（倒三角形），在视觉上产生较大空隙；反之，H（方形）与 D（方形）字并排时，视觉上字间显得拥挤，图 4-32 是字距观察的练习。

字距微调

适当地微调字距除了可让标题结构紧密外，也可以让文字段落看起来更均匀。拉近字距的程度可分：紧、衔接与重叠。但衔接与重叠的效果易导致文字的可辨识性变差，通常适用于表达情感而非阅读性的文字。（图 4-33，图 4-34）

图 4-32 这是自动调整字距的情况下字符的排列情况，请观察哪一组字母间产生了太大或太小的空间。黄色代表视觉上较大间隙，紫色代表间距较紧密（Moriarty, 1996）

图4-33 字距微调，须注意仍要保持文字的可辨识性

字距微调单位 1/1000Em

图4-34 字距调整的四种状态：①正常；②紧；③衔接；④重叠

字高（The size of type）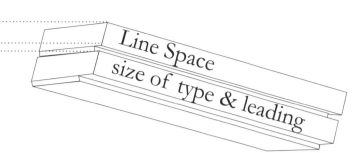

行间距（The leading）

4.4 行距

行距 = 字高 + 行间距

行距是段落内行与行之间的距离，行距常被误认为行间距，它正确的算法是字高加上行间距的总合。电脑自动行距的设定就是以字号加上1~4级的行间距所计算出来的。

若希望阅读更有流畅感，须通过段落的层次设定来达到。最基本的层次是：段间距大于行距，行距大于字距。如此一来，段落层次分明，阅读顺序就会更清晰（图4-35）。

行距的设定与字体的选择也有关系，请参考"4.1.1 英文大小写的比例架构"中X-height如何影响字体的视觉尺寸。图4-36的段落A与段落B，虽是同字号、同行距及同栏宽的设定，但段落A因选用了X-height较小的字体，视觉上让行距变大。反之，段落B选用了X-height较大的字体，视觉上让行距缩小，段落空间产生拥挤感。行距的设定也是设计精致版面的关键。

A

Assignments workflow

Work with assignments that contain only the InDesign CS2 elements you need, from a specific area of a page to an entire document. Track and manage file status, and view design changes as the designer makes them available to you.

B

Assignments workflow

Work with assignments that contain only the InDesign CS2 elements you need, from a specific area of a page to an entire document. Track and manage file status, and view design changes as the designer makes them available to you.

图4-36 同字号、同栏宽、同行距的段落，因选择的字体X-height不同，产生了行距的视觉差异，段落B比段落A看起来拥挤，需要调整行距要

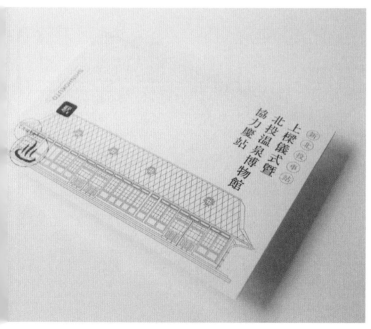

图4-35 北投车站邀请卡与信封上的竖向主标题排列，遵守行距大于字距的原则，阅读时眼睛自动通过行距与字距的差异，直接判断文字是竖向标题而非横向编排（设计：曾玄翰）

4.5 段落

01 | 段落对齐

InDesign的段落对齐可分为左对齐、右对齐、居中对齐、全部强制双齐、双齐末行齐左以及双齐末行居中等。

A | 左对齐 段落统一依框架左侧边界对齐，是横向书写文章的最常用设定，因不强迫齐尾，所以靠近右侧边界的文字会参差不齐。

B | 右对齐 段落统一依框架右边界对齐（与靠左对齐相反），这样的段落因开端参差不齐，阅读时较为费力，因此，建议运用在版面偏左位置且栏位较窄的段落。

C | 居中对齐 以框架中心为对齐点再往左右对称的段落排法，易造成每行不规则长度。适用于刻意居中构图的编排（可参考 "8.4.1 米字构图"）。

D | 全部强制双齐 是将段落强迫性地与框架左右边界对齐的排列方式，若每行字数接近，排列起来非常工整；若每行的字数差异较大，则会造成字距不均匀，尤其是最后一行常因字数少不合比例且不美观。

E | 双齐末行齐左 对齐方式与强制齐行一样，差别在于最后一行不进行强迫对齐，而是用较为自然的靠左对齐模式。

F | 双齐末行居中 对齐方式与强制齐行一样，差别在于最后一行不进行强迫对齐，这种居中对齐的方式是更自然、视觉更舒适。

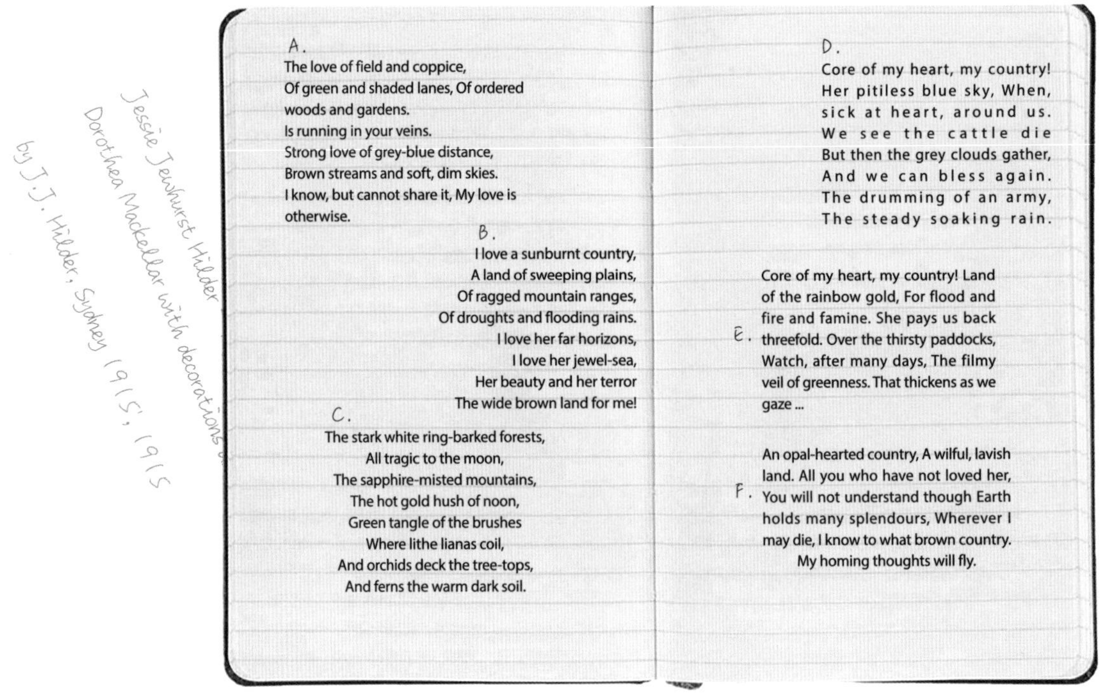

图4-37 用澳大利亚女诗人多萝西娅·麦凯勒（Dorothea Mackellar）的《我的祖国》（*My Country*），依上述段落对齐的编号排列而成

02 ｜段落的宽度

适当的段落宽度，因眼球移动范围适中，让读者在阅读时感到舒服。若段落太宽，则容易导致阅读疲劳；反之，段落太窄，会使得容纳的字数受限，易产生断字，进而影响阅读的连贯性，甚至会产生字义表达的错误（图4-38）。

段落宽度与行距的设定也是相对的，段落栏位加宽，行距也建议增加，以提高阅读的舒适性。

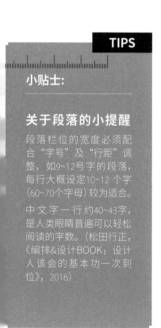

图4-38 两段文字字体、字号、行距均相同，仅段落宽度不同。上：段落宽度较小，较符合眼珠活动的范围，阅读不容易疲累；下：段落宽度过大，眼珠阅读活动的范围过广，不易阅读

03 ｜段间距

段落间的距离称为段间距，是指段落之间的空间。段距设定必须大于行距，否则会让阅读产生混淆。基本的层次为：字距＜行距＜段距。

图4-39的左页红色标示出了排版上的问题。A中红圈之处因与前段栏间距过大，文字的阅读性就自然往位在下方的第三段移动，造成阅读顺序错乱；B中红色加空格符号，则代表加大段距，作为A问题的补救方式。图4-39的右页因遵守段距大于行距的原则，看起来简单、顺畅且易于阅读。

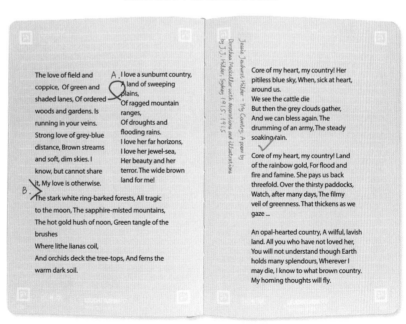

图4-39 左页的B其实是第二段，A是第三段，但因行距与段距的设定不佳，阅读上会从第一段跳到第三段，造成阅读混乱。右页相对层次分明，阅读就很顺畅

设计的品格

balance
contrast
symmetrical
equilibrium
harmonious

图4-40 红色线条就是海岸线

04 │ 海岸线

段落的海岸线其实是隐形的，一般人不会介意。但在专业的字体书籍中都会提起这个专有名词。它是指段落中每个字母上升线或下降线所产生的弯曲线条（图4-40）。有时，某些字母间的上下组合会产生过大行距的留白，会造成段落或版面的视觉干扰，这时就需要通过字距微调或行距重新设定进行修正。

其实，在文章段落中常有不佳的段落对齐方式，如图 4-41，A 中在较窄段落使用首行缩进；B 中用空格键进行首行缩进；C 中段落首行缩进使用定位点设定；D 中选择较易产生空隙的圆形项目符号排列在每行的开端位置；E 中数字编号与段落对齐（可考虑文字缩排处理）；F 中标点符号排列于段落的开端。以上的段落对齐方式都会造成段落海岸线产生波浪的状态，这些都是设计师必须注意的细节。

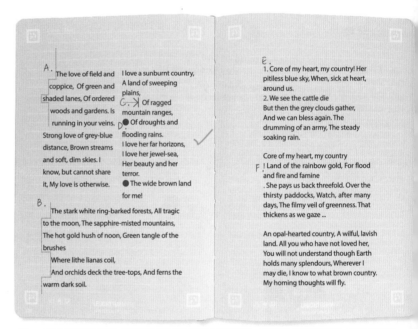

图4-41 A至F的段落对齐方式都是造成段前海岸线困扰的因素，这些都是排版的细节（魔鬼藏在细节中！）

TIPS

小贴士：

关于版面设计的提醒

- 请注意段落的对齐方式，请参考 "4.5 段落"。
- 若栏位较窄，请不要使用缩进。
- 段落起始需使用样式中的首行缩进设定。
- 圆形项目符号的使用须谨慎，请注意段落对齐。
- 项目数字编号的设计，方形或直线是不错的选择。
- 标点符号请尽量避免位于段落的开端。

4.6 文字工具

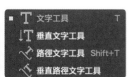

图4-42 "文字工具"面板

在InDesign中，文字在文本框内建立，文字工具系列还包括直排文字工具、路径文字工具以及垂直路径文字工具（图4-42），请参考"3.1.2文字工具介绍"。文字除通过在InDesign内打字输入之外，大多是从Word文件导入的。

本单元将利用文字的简单特性，如垂直水平排列、不同字号组合、改变文字和文本框的颜色，把文字变成简单有趣的图案的应用（图4-43和图4-44）。

建立文字外框可创造更多的变化（参考"4.1.6 创意标题"）。接下来介绍的范例一是选用华康新综艺体"创建轮廓"后，结合剪刀工具设计的文字；范例二是基于Chalkboard字体创建轮廓后再运用铅笔平滑工具简化的应用设计。

图4-43 想要独一无二/又低调的我（设计：江婉瑜）

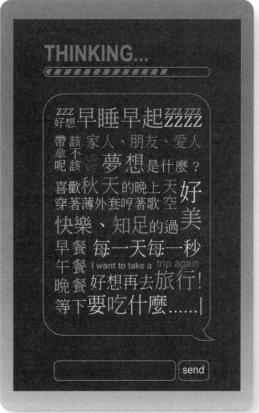

图4-44 一键Back回到过去，尽管天马行空（设计：江婉瑜）

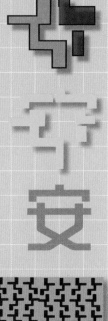

范例一

这是学生为自己设计的识别符号及名片应用，运用自己名字中最喜欢的一个字，拆解部分笔画进行专属图案的设计。步骤：Ⓐ选择华康新综艺体；Ⓑ"文字"→"创建轮廓"后，用剪刀工具进行切割，接着用直接选择工具移动节点位置；Ⓒ每个笔画进行不规则放大缩小、移动及调整颜色即可完成。（图4-45，图4-46）

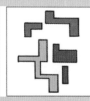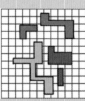

图4-45 设计发展图

图4-46 运用拆解的部首重新排列组合而成的名片系列（图案提供：庄诒安）

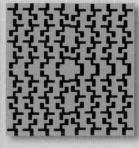

Artist Traveler
Photography&Illustrator
Email:qqaa850929@gmail.com

范例二

这也是学生的设计作品，标题字的前半段"pleased"选择基于Chalkboard字体创建轮廓后，使用平滑工具简化锚点，而标题字后半部分"star"因字母多为弧线，所以创建轮廓及平滑工具简化锚点后仍很复杂，须手动再删除锚点进行调整，再用直接选择工具移动锚点位置直至得到满意的造型（图4-47），最后将这些已转为轮廓的文字任意套用色彩或图案（图4-48），请参考"5.1 铅笔工具"。

图4-47 创建轮廓的文字，须用平滑工具及删除锚点工具简化锚点

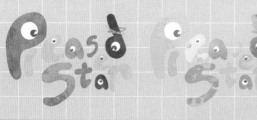

图4-48 创建轮廓的文字就成了图框，可以套用手绘图案或图片，丰富其质感肌理

图4-49 这是将创意字体运用于个人视觉识别系统设计（设计：李静欣）

小贴士：

进阶编排时，文字工具的应用

选取文本框，按下鼠标右键即出现文字的工具（InDesign有许多选项功能都隐藏在鼠标右键）。在此，先介绍两个常用的重要文字工具：Ⓐ"自动页码"设定就藏在"插入特殊字符"→"标志符"→"当前页码"（可参考"10.3 自动页码"）；Ⓑ"用假字填充"可在试排版面时，让文本框填满替代文字，预览文字排版效果。

文字

插入特殊字符 >
插入空格
插入分隔符   标志符
用假字填充 Ⓑ   当前页码 Ⓐ

4.7 路径文字工具

海报上的文案常常会像波浪一般灵动，要将文字做出这样的流动感，路径文字工具就是主要的选择。但首先要使用绘图工具建立路径，然后才可以让路径文字工具产生效果。路径可以是开放路径，亦可以是封闭路径，请复习"3.1.2 文字工具介绍"。另外，"文字"菜单列表中的"路径文字"还提供了多种有趣的选项，利用它们可进行更专业的变化。

01 │ 造型套用

绘制开放或封闭路径可以用钢笔工具或多边形工具，也可用路径查找器制作更复杂的框架路径。选择路径文字工具，在路径上点选后可输入或置入文字，文字便可绕着外框边缘排列。若不希望路径线条出现，请将线条改为无填充色（图4-50），文字填色就可以做出单色、多色，甚至渐变色等（图4-51）。以上文字仍保有字符属性，仍可随时编辑修改，这是InDesign绘图的特色。

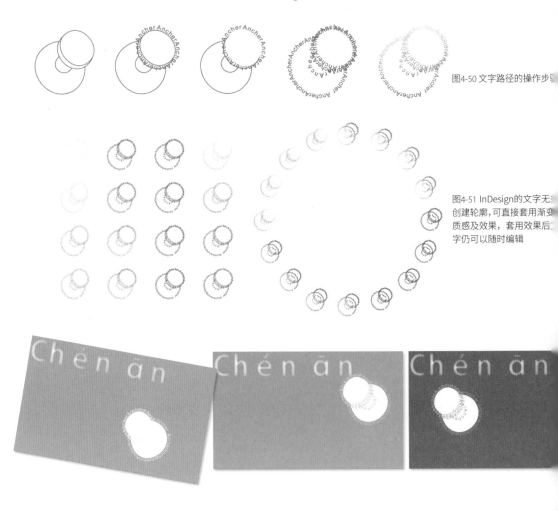

图4-50 文字路径的操作步骤

图4-51 InDesign的文字无须创建轮廓，可直接套用渐变质感及效果，套用效果后文字仍可以随时编辑

图4-52

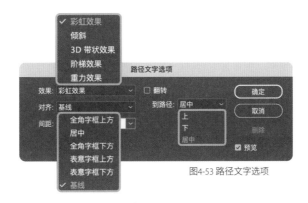

图4-53 路径文字选项

02 ｜ 文字输入与翻转

利用菜单栏"文字"→"路径文字"→"选项"（图4-52），可进行进一步的"路径文字选项"设定（图4-53），对话框内有效果、对齐、间距、路径等项目。其中效果可分彩虹效果、倾斜效果、3D带状效果、阶梯效果及重力效果等（图4-54）。对齐也分基线、居中、全角字框上方/下方及表意字框上方/下方等项目。勾选翻转还可产生更多有趣的文字特效。

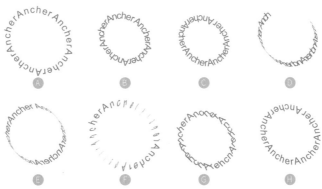

图4-54 Ⓐ彩虹效果，对齐基线；Ⓑ彩虹效果，对齐表意字框上方；Ⓒ彩虹效果，对齐基线，翻转；Ⓓ倾斜效果，对齐基线，间距20；Ⓔ倾斜效果，对齐基线；Ⓕ3D带状效果，对齐表意字框下方；Ⓖ阶梯效果，对齐全角字框上方；Ⓗ重力效果，对齐居中，字框下方，翻转

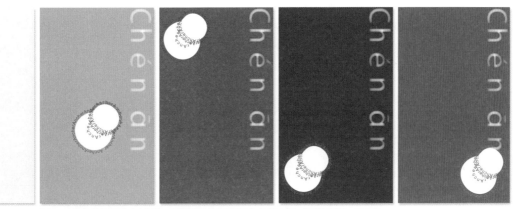

图4-55 这套彩色名片中的图钉元素就是利用路径文字建立的（图片提供：陈安）

4.8 文字框架网格

InDesign的版面网格功能与书面的版面表单（稿纸）概念相同，可自主进行网格属性（字体、大小）、行与栏（字符、行数、栏数）及网格对齐位置等设定。利用框架网格排版的概念，类似传统活字排版，先决定内文字号，再推算每一行排列的字数、每页应该配置几行。框架网格的另一项重要功能是可以预先规划每页的字数，且使文字排列整齐。

01 │ 如何设定

在工具箱选择水平网格工具及垂直网格工具（图4-56）。另外，菜单栏的"对象"→"框架网格"中有网格属性、对齐方式选项、视图选项、行和栏等设定。网格属性：设定网格字体大小及行距；对齐方式选项：针对行、网格及字符对齐进行调整；视图选项：改变标示总字数的字号及位置；行和栏：设定框架内的字数与栏数及栏间距（图4-57）。

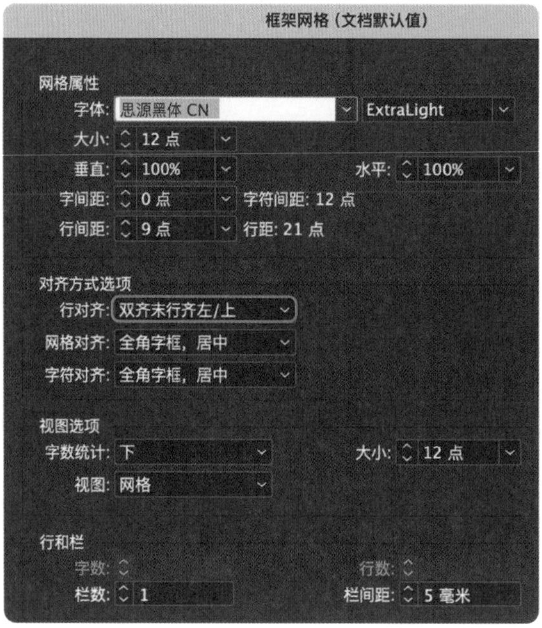

图4-57 "框架网格"对话框

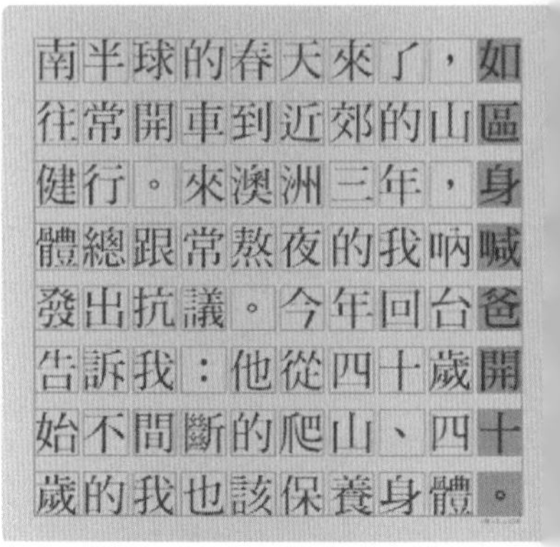

图4-56 Ⓐ水平网格工具；Ⓑ垂直网格工具

02 ｜设计步骤

文字网格的操作步骤：先规划扣除上、下、内、外的边距，确定版心（此为页面中主要内容所在的区域）大小，再来定义文字大小及行距。选择"对象"→"框架类型"后，可让文本框架与框架网格直接转换。

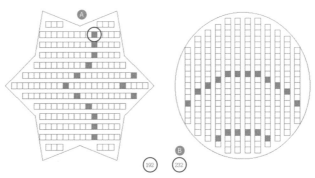

图4-58 各式造型的图框皆可设为框架工具。Ⓐ在框架中不论行或列的第10个字符都以实心方格形的格标记呈现，方便计算字数；Ⓑ框架外的数字是页面字数的总和，总字数会出现在框架末端，横向网格数字在右下角，竖向网格数字在左下角。这些设定可以在框架网格选项的视图选项重新设定

图4-59 转换框架网格

03 ｜框架转换

网格编排适用于以文字为主的内容，如制式的小说文本。选择"文字"→"排版方向"可改变水平与垂直框架。任何已画好的造型图框（图4-58），都可通过"对象"→"内容"转换成框架网格（图4-59）。

04 ｜网格算式

使用网格的文件在下方会出现一列算式，总字数＝每行字符×行数×栏位。W代表字符（Words），L代表行（Lines），C是栏位（Columns）。总字数会有两个数字，前者代表网格数，后面括号中为实际字数（图4-60）。

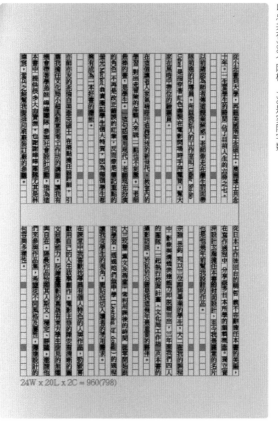

24W x 20L x 2C = 960(798)

图4-60 24W×20L×2C＝960（798），24W代表每行有24个字符，20L代表共有20行，2C是两个栏位，所以总共有960个网格，798是实际字数

第5讲
视觉元素：形

本章将介绍InDesign的绘图功能。InDesign除了强大的编辑排版能力外，还拥有绘图创作的超强功能。大致上，我们以三个概念来介绍InDesign绘图相关工具。

造型类的工具："5.1 铅笔工具""5.2 线条工具""5.3 钢笔工具""5.4 路径查找器"。

结合"变换"丰富图形："5.5 自由变换工具""5.6再次变换工具""5.7 对齐与分布""5.8 翻转"。

运用"效果"丰富图形层次："5.9 羽化及定向羽化""5.10 发光效果""5.11 斜面、浮雕和光泽效果""5.12 角选项"。

其他更适合应用于图片的"效果"的工具将会在"第6讲　视觉元素：图像"中陆续介绍。

私房分享

| 编辑 | 版面 | 文字 | 对象 | 表 |

编辑工具
Adobe Illustrator 2023 27.5（默认）
Adobe Photoshop 2022 23.4.1
Eagle 3.0
预览 11.0
其他...

图5-1 利用编辑时回原始软件修改后储存的图形，返回InDesign工作视窗时，文件会立即同步更新

整合档案的超级软件

较为复杂的插画当然还是建议用Illustrator制作，再选择"文件"→"置入"InDesign进行编辑。当在Illustrator中打开以多个工作区域存储的AI文件，勾选"置入"对话框左下角的"显示导入选项"，便可指定特定工作区域内的图形如何导入。InDesign可接受Illustrator的AI或EPS格式。

导入的矢量图如需再次修改，则无须费时费工地开启Illusrtator，只要点击图框按下鼠标右键，选择"编辑原稿"（图5-1），选择软件后计算机即刻自动开启Illustrator（自动选制作该图档的原始软件）。更方便的是，一旦在Illustrator修改后执行储存，InDesign就会立即同步更新，不需要再选择重新置入或更新文件链接。未做特效的Illustrator图片也可以直接被"复制"，然后于InDesign选择"粘贴""原位粘贴"或"贴入内部"，不需要再通过档案"置入"的步骤，而且直接复制的Illustrator的图形还可以在InDesign修改呢。话不多说，开始绘图吧！

看看谁在玩设计！

美国现代平面设计师索尔·巴斯（Saul Bass，1920—1996）是我最喜欢的设计师之一，其作品广泛应用在电影片头、海报及企业logo设计中，其最经典的作品电影《桃色血案》（*Anatomy of A Murder*，1959）的海报，就是运用简单利落的块面形体，做出了生动、经典的设计。（图5-2）

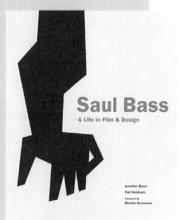

图5-2 电影《桃色血案》海报

5.1 铅笔工具

表现自由手绘的质感，
在设计中打破紧张感与规则

铅笔工具中的平滑及抹除工具，都是
铅笔绘制后的修改工具。双击铅笔工
具出现"铅笔工具首选项"的对话框。
其中的"容差"又分"保真度"与"平
滑度"，两者是对立的关系。保真度设
定越高，线条上的锚点越多，铅笔线
条的平滑度越低，越能保留手绘的自
然弯曲效果；相对地，平滑度高，线
条的锚点将会简化，产生平滑但失真
的线条。（图5-3—图5-5）

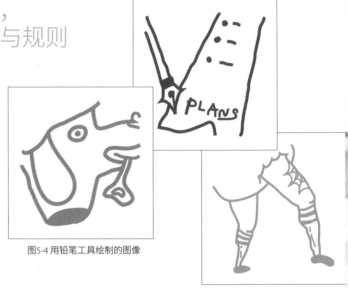

图5-4 用铅笔工具绘制的图像

图5-3 铅笔工具首选项面板

当铅笔线条的锚点过多，可用平滑工
具或擦除工具减少锚点，也可以搭配
选择工具或钢笔工具中的删除锚点等
工具，修改出想要的铅笔线条。不妨
搭配数位板使用，就像拿着真正的铅
笔来绘图，更容易描绘出精确的线条
与手绘质感。

在设计版面时，适当加入手工质感的
设计元素，可以减少画面的拘谨感。
除了运用铅笔工具绘制外，还可将手
绘的图形及文字扫描，再以图片置入
的方式，搭配"效果"及"图层"工具，
让手绘元素与画面结合，可参考"6.2
适合"中的范例。

图5-5 用铅笔工具绘制出图像再套用于名片的设计（设计：庄治安）

5.2 线条工具

在InDesign中，线条可由直线工具与钢笔工具绘制，两者都运用锚点来产生线条。若搭配描边浮动面板的设定，可创造许多丰富的线条样式。

选择"窗口"→"描边"开启描边浮动面板（图5-6），基本设定包括：①粗细、②端点（平头端点、圆头端点、投射末端）。描边转角设定包括：③斜接限制、④连接（斜角、圆角与斜面）及⑤对齐描边（提供描边与框线的位置关系：描边对齐中心、描边居内和描边居外）。

在面板中另有针对描边的类型和色彩等设定，如⑥类型（实点、菱形、虚线、斜线等）、⑦起始处/结束处（条、方形、圆、三角形等）、⑧缩放、⑨对齐（将箭头提示伸展到路径终点外、将箭头提示放置于路径终点处两种）、⑩间隙颜色。以上设定看似选择不多，但只要善于运用组合，就可产生非常丰富的描边组合。描边若选有间隙的类型如虚线、菱形及斜线等，再搭配间隙颜色及间隙色调，又可增加更多变化（图5-7—图5-9）。

基本线条设定

平头端点，类型：实底

平头端点，类型：粗—粗

圆头端点，类型：粗—细

投射末端，类型：细—粗—细

进阶线条设定

类型：右斜线，间隙颜色：绿色

类型：左斜线，间隙颜色：黄色

类型：点虚线，间隙颜色：橘色

类型：波浪线，间隙颜色：蓝色

类型：空心菱形，间隙颜色：黑色

类型：虚线，间隙颜色：渐变色

类型：虚线（3和2），间隙颜色：渐层色2

类型：细—粗，投射末端/斜角

类型：细—粗，圆头端点/圆角

类型：细—细—细，起点：实心方形，终点：实心方形

类型：虚线，起点：实心圆，终点：圆

类型：左斜线，起点：曲线，终点：倒勾

类型：虚线，起点：条，终点：正方形

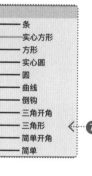
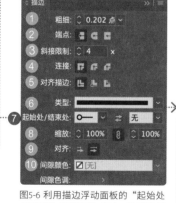
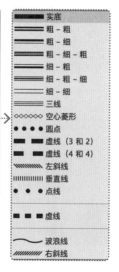

图5-6 利用描边浮动面板的"起始处/结束处"图形选项（左），及线条类型（右），再加上"间隙颜色"，就可以创造出许多有趣的线条

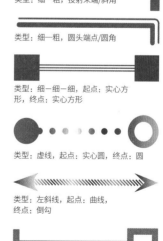

图5-7 运用线条浮动面板的组合产生的线条变化

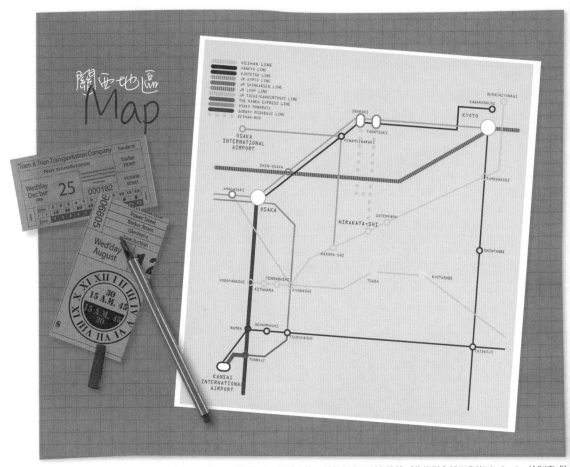

图5-8 这张地铁路线图只使用了描边浮动面板的功能，就绘制出了所有路线（此范例全部元素皆以InDesign绘制完成）

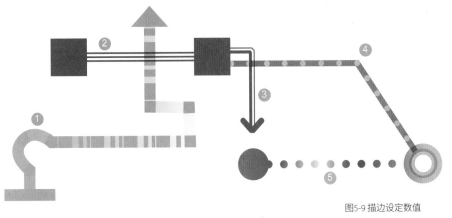

① 类型：虚线
起始处：条/结束处：三角
色彩：直线渐变
线段2mm/间隙1mm/线段
间隙5mm/线段3mm/间隙

② 起始处/结束处：实心方开
线条：细—细—细

③ 类型：细—粗
起始处：简单开角

④ 类型：点虚线
结束处：圆
间隙颜色：橘

⑤ 类型：圆点
起始处/结束处：实心圆
色彩：直线渐变

图5-9 描边设定数值

5.3 钢笔工具

钢笔工具就是贝塞尔曲线工具,主要运用锚点串联成直线、曲线或图形,可以绘制开放或封闭图形;可描绘直线、曲线转角、半曲线;可绘出复杂且细微的线条(图5-10)。钢笔工具制作的封闭图形,也可再利用路径查找器进行相加、减去、交叉等变化。

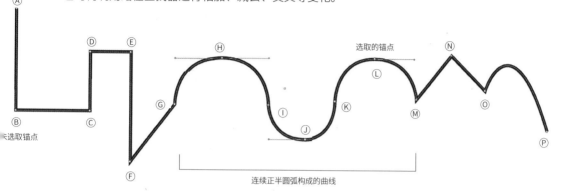

Ⓐ~Ⓕ:水平垂直线段　　Ⓖ:由直线转换曲线的锚点　　Ⓙ和Ⓛ:加Alt键转换单边控制杆的锚点

Ⓕ:45°转角　　　　　　Ⓗ:水平对称的锚点控制杆　Ⓜ:由曲线转换直线的锚点

图5-10 钢笔工具展现直线、圆弧线、尖角、直角的样貌

01 | 直角及45度

钢笔工具的锚点可用定点或拖拉的方式绘图,按Shift键可绘制垂直、水平、45度及直角的直线,如图5-10中Ⓐ~Ⓕ的直角,及Ⓕ~Ⓖ的倾斜45°的线段。

转换点:

Ⓐ Ⓑ Ⓒ Ⓓ

02 | 转换曲线与弧形

Ⓖ~Ⓗ则是由直线到曲线的转换锚点。将鼠标移至Ⓗ,不放开鼠标进行拖拽,锚点会出现两端方向线的控制杆,控制杆越长,曲线弧度越大,当找到适当圆弧时松开鼠标即可。若要对称的圆弧请在拖拽过程按Shift键,控制杆会出现左右对称且水平的状态。

若需要继续衔接另一个对称半圆弧,则必须将对称垂直控制杆变成单边控制(如Ⓙ),按住Option/Alt键即变成单边的控制把手,如此一来,Ⓘ~Ⓙ的圆弧将不再变动。Ⓚ~Ⓜ半圆弧线就重复Ⓖ~Ⓘ的动作。

图5-11 Ⓐ普通:更改选定的点以便不拥有方向点或方向控制把手;Ⓑ角点:更改选定的点以保持独立的方向控制杆;Ⓒ平滑:将选定点更改为一条具有连接的方向控制杆的连续曲线;Ⓓ对称:将选定点更改为具有相同方向控制杆的平滑点

03 | 编辑锚点

若要将曲线的线条结束转换为直线,可按下Option/Alt键,游标会出现转换方向点的符号,即转换曲线锚点为直线锚点,如同钢笔工具中的"转换方向点工具",请参考"3.1.4 绘图工具介绍"。

04 ｜范例步骤

可参考图5-12，由左至右。①请先思考图案的前后配置，用钢笔工具绘制四段封闭的线条（红色3，蓝色1），许多人在绘制这样的图片时都习惯用开放的路径，后续将造成上色的麻烦。建议用封闭图形绘制，之后不论为块面或线条填色还是加上质感，都会更为方便。

②"对象"→"排列"前移或后移调整对象的空间关系。③调整线条粗细。④再用钢笔工具绘制阴影块面及其他元素，可以参考完成图。依此类推完成其他图案，并依喜好调整颜色（图5-13），最后应用于平面构图（图5-14）。

图5-12 ①绘制封闭线条；②调整对象的空间关系；③调整线条粗细；④绘制阴影块面及其他元素

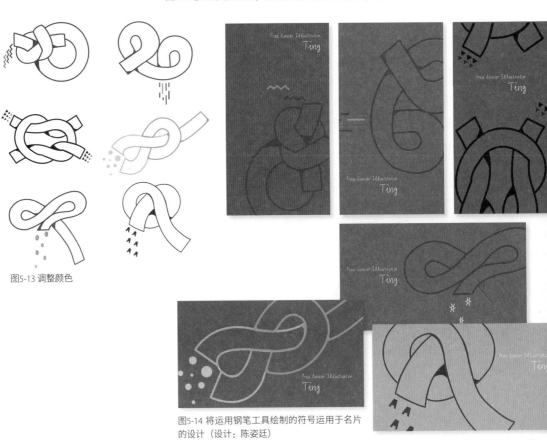

图5-13 调整颜色

图5-14 将运用钢笔工具绘制的符号运用于名片的设计（设计：陈姿廷）

5.4 路径查找器

InDesign的路径查找器用法与Illustrator相仿，须建立封闭对象才可进行相加、减去、交叉的组合。想要开启路径查找器的浮动面板，请选择菜单栏"窗口"→"对象和版面"→"路径查找器"，或"窗口"→"工具区"→"基本功能"，在工作区的右侧就会出现浮动面板菜单。可进行的设定分为：①路径、②路径查找器、③转换形状、④转换点（图5-15）。

01 ｜ 路径

在路径的项目分别为：Ⓐ结合路径——连接两个端点；Ⓑ开放路径——开放封闭的路径；Ⓒ封闭路径——封闭开放的路径；Ⓓ反转路径——变更路径的方向（图5-16）。

图5-15 路径查找器浮动面板，分路径、路径查找器、转换形状及转换点四大功能

图5-16 路径查找器面板

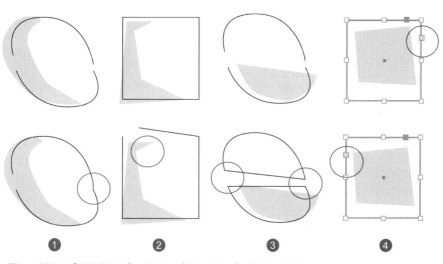

图5-17 分别运用①连接路径、②开放路径、③封闭路径、④反转路径产生的效果

02 | 路径查找器

路径查找器可以Ⓐ相加、Ⓑ减去、Ⓒ交叉、Ⓓ排除重叠、Ⓔ减去后方对象（图5-18）。

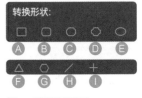

图5-18 路径查找器图示

相加：将选取的对象组合成一个形状；减去：将最后面的对象按最前面的对象的形状裁减（以保留后方对象为主）；交叉：只保留对象交集区域；排除重叠：排除对象重叠的区域；减去后方对象：用最前面的对象减去最后面的对象形状。

03 | 转换形状

用转换形状可为任何图框快速套用预设好的几何图形。用法：Ⓐ将形状转换为矩形；Ⓑ根据当前的"角选项"半径大小，将形状转换为圆角矩形；Ⓒ根据当前的"角选项"半径大小，将形状转换为斜面矩形；Ⓓ根据当前的"角选项"半径大小，将形状转换为反向圆角矩形；Ⓔ将形状转换为椭圆形；Ⓕ将形状转换为三角形；Ⓖ根据当前的多边形工具设置，将形状转换为多边形；Ⓗ将形状转换为直线；Ⓘ将形状转换为一组垂直或水平直线（图5-19）。

图5-19 转换形状图示

04 | 转换点

在转换点中，有Ⓐ普通：更改选定的点以便不拥有方向点或方向控制把手；Ⓑ角点：更改选定的点以保持独立的方向控制把手；Ⓒ平滑：将选定点更改为一条具有联结的方向控制把手的连续曲线；Ⓓ对称：将选定点更改为具有相同方向控制把手的平滑点（图5-20），可参考"5.3 钢笔工具"。

图5-20 转换锚点图示

05 | 范例说明

本单元范例是学生设计的logo应用，大致的步骤如下：Ⓐ先用钢笔工具及椭圆工具建立个别对象；Ⓑ运用"减去"，用水瓶减去背景；Ⓒ减去后的图形；Ⓓ将眼睛与鸟喙图形叠至上层（图5-21）。

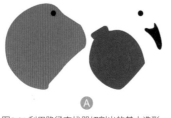
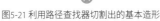
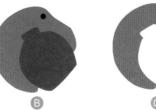

图5-21 利用路径查找器切割出的基本造形

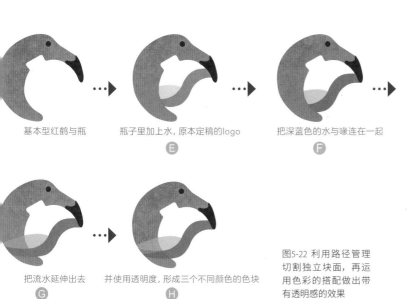

基本型红鹤与瓶

瓶子里加上水，原本定稿的logo
E

把深蓝色的水与喙连在一起
F

把流水延伸出去
G

并使用透明度，形成三个不同颜色的色块
H

图5-22 利用路径管理切割独立块面，再运用色彩的搭配做出带有透明感的效果

步骤E至F，是绘制内部水波图案的步骤，再运用路径查找器制作分割后独立的块面，就可进行颜色配置，做出具有色彩透明度的重叠效果。所以，用路径查找器制作的封闭图形，比用钢笔工具因锚点未联结而成的开放造型，更有利于快速套用内容及线条的色彩或质感变化（图5-22、图5-23）。

图 5-23 利用路径查找器分割的图形是封闭块面，Ⓐ可以更自由地利用色彩套用于内容或线条。Ⓑ也可以直接制作或置入质感于图形框架中，logo 就可以通过这样的方法玩出花样（范例设计：张薰文）

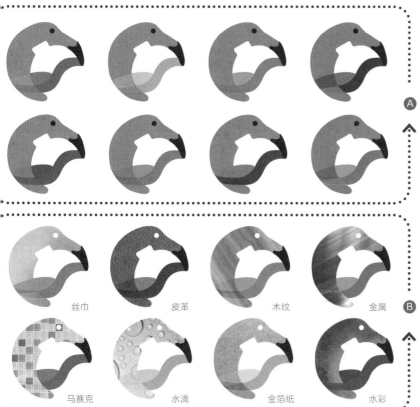

A

丝巾　　皮革　　木纹　　金属　　B

马赛克　　水滴　　金箔纸　　水彩

5.5 自由变换工具

前面章节介绍了制作基本图形的工具，现在要丰富其变化。先选择工具箱中的"自由变换工具"（图5-24），或菜单栏中的"对象"→"变换"，可将对象进行移动、缩放、旋转、切变与翻转等变形（图5-25）。"选择工具"的控制面板中也有变形工具的图示功能（图5-26），可参考"3.1.7 变形工具介绍"并搭配智能参考线使用，见"2.4 参考线与智能参考线"。

图5-24 工具箱中的变换工具图示选项

01 | 移动

可从"对象"→"变换"→"移动"选择对象框架内部，当出现箭头时即可用鼠标移动框架位置。移动工具可与缩放及旋转工具同时搭配使用。

02 | 缩放

可从"对象"→"变换"→"缩放"拖拽框架任一控制点调整对象尺寸，加Shift键让对象以等比例缩放（工具箱也有缩放工具）。选择自由变换工具并按Option/Alt，对象会以框架正中心为基准点进行缩放。

图5-25 "对象"下拉菜单内的变换工具选项

03 | 旋转

可选"对象"→"变换"→"旋转"，在使用自由变换工具时，当光标移至框架角落时会出现旋转符号（工具箱也有旋转工具）。而"对象"→"变换"设有"顺时针旋转90°""逆时针旋转90°""旋转180°"3种选项供使用（图5-25）。另外，可用"视图"→"网格和参考线"开启智能参考线，有角度提示后，能更快速地完成旋转设定。

04 | 切变

可从"对象"→"变换"→"切变"选择切变工具，当鼠标移到控制点或边框时，对象即可水平、垂直或斜向倾斜，若按Option/Alt即可自行定位倾斜的基准点（内定是中心点），基准点设定离对象越远其变形程度就越大（工具箱也有切变工具）。

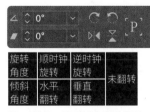

图5-26 选择工具于控制面板的呈现

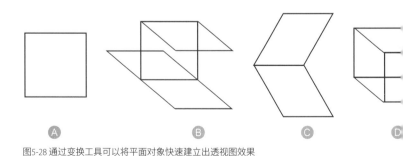

图5-28 通过变换工具可以将平面对象快速建立出透视图效果

05 ｜翻转

可选"对象"→"变换"→"水平翻转"或"垂直翻转",翻转即是镜面反射。翻转工具不在工具箱,但会出现在选择控制面板中(图5-26)。其实,翻转还有更简易的方法,直接按住选择工具,将框架网格往反方向拖拽(翻过框架的另一边),就可直接执行水平翻转或垂直翻转。不过,该方法虽然便捷,但无法控制对象的正确比例。(图5-27)

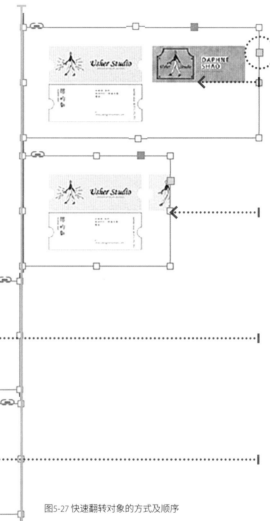

图5-27 快速翻转对象的方式及顺序

06 ｜范例说明：从基本形到立体化

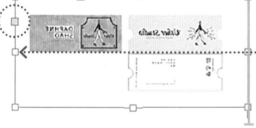

Ⓐ基本形：正方形(图形或框架工具)。Ⓑ上下透视图："对象"→"变换"→"切变",由Ⓐ衍生出的透视造型。Ⓒ斜面透视图：也是由Ⓐ衍生出的斜面透视造型,与步骤Ⓑ一样,只是倾斜角度不同。Ⓓ正方体：结合ⒶⒷ(上下透视图)及增加侧面透视图,所组合而成的正方体。Ⓔ先将Ⓓ组合后,再进行"对象"→"变换"→"切变",可产生其他透视角度的正方体。(图5-28)

5.6 再次变换工具

再次变换工具需先使用变换工具后，再复制先前的变形指令（如移动、缩放、旋转或切变），换句话说，就是记忆上次动作，然后快速复制最后操作的动作。

可以从"对象"→"再次变换"进入，内有"再次变换""逐个再次变换""再次变换序列"以及"逐个再次变换序列"等选项（图5-29）。再次变换工具建议使用快速键Command+ Option + 4 / Ctrl + Alt + 4，适合用于等比、等距或放射等复杂图形的重复制作。

图5-29 再次变换工具

01 | 再次变换
记忆最后一个操作变换的指令，然后套用到选取范围。

03 | 再次变换序列
记忆最后一系列变形操作的指令，依操作顺序套用到选取范围。

02 | 逐个再次变换
记忆最后一次变形操作的指令，并个别套用到选定对象，而不是整个组合套用。

04 | 逐个再次变换序列
记忆最后一系列变形操作的指令，再依顺序分别套用到每个选定对象上。

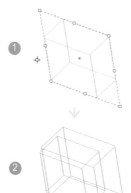
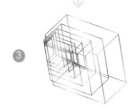

范例一：缩放、复制与再次变换

参考图5-30，①建立基本造形，选择缩放工具，按下Option/Alt键设定缩放的圆心位置于对象左侧（离心）。②选择"对象"→"缩放"，设定放大比例，选择"复制"，则完成第一个放大复制动作。③重复按Command+ Option + 4 / Ctrl + Alt + 4，直到达到所需复制数量为止。

图5-30 调整缩放的比例

范例二：切变、复制与再次变换

参考图5-31，①建立透视立方体造形。②选择工具箱的切变工具，设定切变角度，选择"复制"完成另一组切变后的立方体（原地倾斜）。③重复按Command+ Option + 4 / Ctrl + Alt + 4，直到达到所需复制的数量为止。

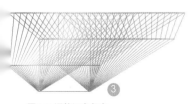

图5-31 调整切变角度

范例三：旋转的再次变换——圆心应用

选择旋转工具按下Option/Alt键，当鼠标出现"十"字时就可重新定位圆心位置。改变圆心的位置再进行再次变换，很容易产生更有趣的图形。①选择旋转工具按Option/Alt键重新定位圆心。②旋转对话框内设定角度，并选择"复制"。③和④重复Command+ Option + 4 / Ctrl + Alt + 4，打开预览可看见效果（图5-32）。

图5-33将线段以5种不同圆心设定，通过再次变换工具不断旋转复制，改变定位点以产生丰富的变形，也能简单地创作出渐变、四方连续或如万花筒般的放射状图形。(图5-34)

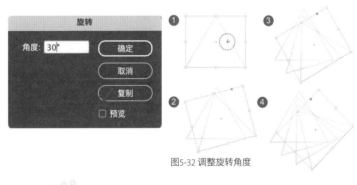

图5-32 调整旋转角度

图 5-33 在直线上设定不同的圆心位置（红色"十"字）并旋转复制，可产生如万花筒般的图形

图5-34 利用不同的角度设定旋转复制，可以变化出不同密度的图案

范例四：移动、复制与再次变换

在建立基本造形后，即可参考图5-35指示。①按下Option/Alt键，选择对象进行拖拽复制。或选择"对象"→"移动"，在对话框设定移动的水平及垂直距离，并选择"复制"，则完成第一个移动复制的动作。②重复按Command + Option + 4 / Ctrl + Alt + 4，直到达到所需的复制数量为止。③将对象套用彩虹渐变色彩（图5-35）。

移动的再次变换可快速排列阵列，选择不同的移动轴线，如水平垂直移动（规律）或斜角移动（交错）。先建立整列或栏的图形复制，再将整列（栏）进行位移（运用变形的移动复制）或镜像的复制也行（参考上述范例一至三的操作说明），使用再次变换工具重复以上动作，丰富的拼布图案就会产生了（图5-36）。

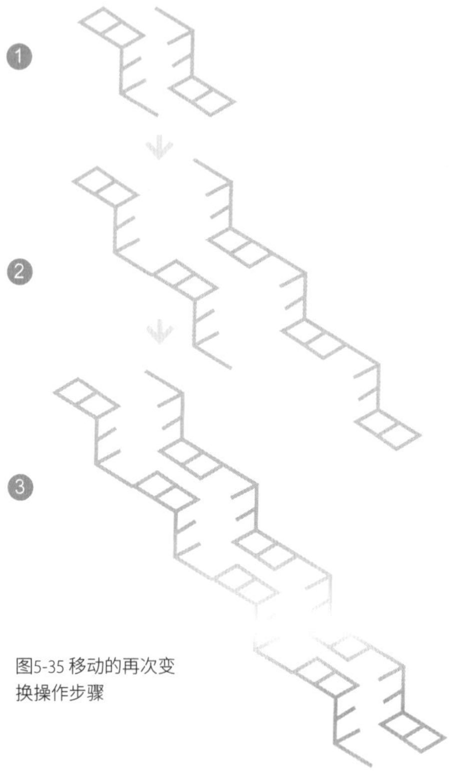

图5-35 移动的再次变换操作步骤

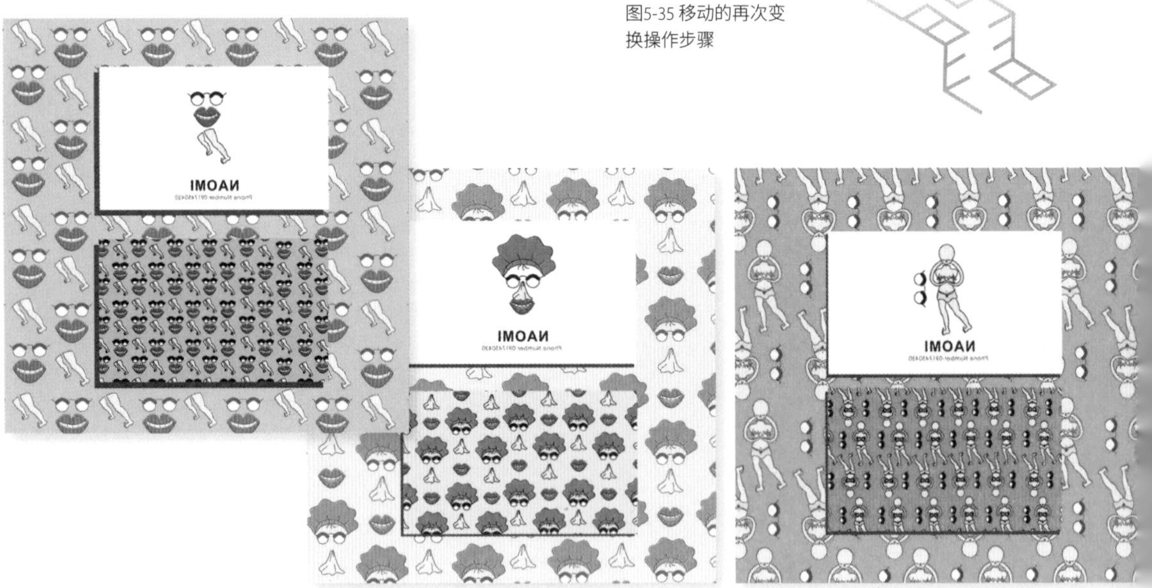

图5-36 利用四面连续概念延伸的拼布及名片设计（设计：陈芝瑗）

5.7 对齐与分布

点击"窗口"→"对象和版面"→"对齐",就会出现对齐浮动面板,可以看到Ⓐ对齐对象;Ⓑ分布对象;Ⓒ对齐;Ⓓ分布间距(图5-37)。在这章所提到的对齐工具,是用于对象与对象的对齐,与段落文字对齐不同(可参考"4.5 段落")。

浮动面板中的"对齐"(图5-37-Ⓒ)最常用的设定多为:①对齐选区,用于对象间的对齐或分布。②对齐关键对象,在选取多个对象后,设定关键对象(关键对象的框会加粗),其他对象就以关键对象为基准进行对齐或分布。③对齐边距,若页面有设定边距(上下左右),对象则以边距为基准进行对齐或分布。④对齐页面,对象则以单页面尺寸为基准进行对齐或分布。⑤对齐跨页,若页面设定为跨页,对象就以跨页最大范围为基准进行对齐或分布(每种对齐方式的效果见图5-38)。

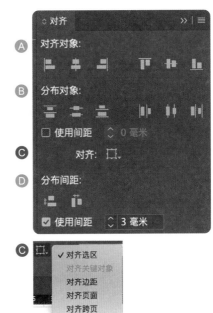

图5-37 对齐面板

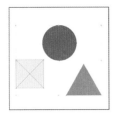 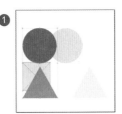

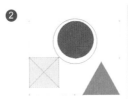 

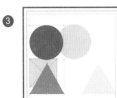 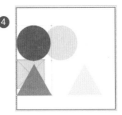

图5-38 对齐标的物不同,即产生不同的显示方式:①对齐选区;②对齐关键对象,须设定关键对象;③对齐边距,页面须设定边距;④对齐页面;⑤对齐跨页,若页面设定为跨页,对象就以跨页最大范围为基准进行对齐或分布

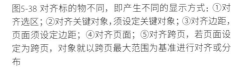

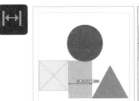 

图5-39 选择间隙工具,可以协助测量对象间的距离

01 │ 对齐对象选项

①左对齐（以框架的最左边缘为基准）；②水平居中对齐（以框架水平的中心点为基准）；③右对齐（以框架最右边缘为基准）；④顶对齐（以框架最上缘为基准）；⑤垂直居中对齐（以框架垂直的中心点为基准）；⑥底对齐（以框架最下边缘为基准）等方式（图5-40）。

03 │ 分布间距选项

分布间距的两个选项：⑬垂直分布间距和⑭水平分布间距。可以准确设定间距数据，可搭配对齐与分布对象一起使用。分布间距可设正值或负值，正值会拉远距离，负值则让对象重叠，若再加上透明度变化，会产生有趣的效果（图5-41的右下）。

运用智能参考线协助间距的测量，或者工具箱中的间隙工具也可提供框架间的间距信息（见前页图5-39），这两者都可搭配本章介绍的对齐工具应用于设计（图5-42）。

02 │ 分布对象选项

分布对象是将对象间距平均分配的功能，包括⑦按顶分布；⑧垂直居中分布；⑨按底分布；⑩按左分布；⑪水平居中分布；⑫按右分布。这些功能搭配分布间距设定，可以更准确地均分对象间的距离。

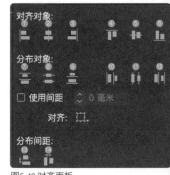

图5-40 对齐面板

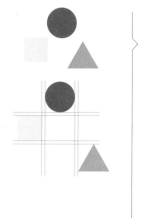

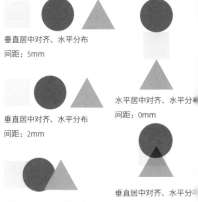

垂直居中对齐、水平分布
间距：5mm

垂直居中对齐、水平分布
间距：2mm

水平居中对齐、水平分布
间距：0mm

垂直居中对齐、水平分布
间距：-5mm

垂直居中对齐、水平分布
间距：-10mm
效果、透明度、色彩增

图5-41 左：分布间距；右：利用对齐均分及分布间距设定所产生的变化

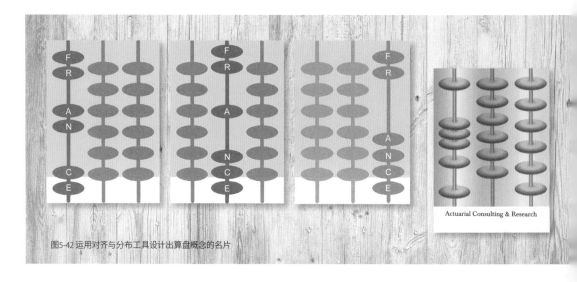

Actuarial Consulting & Research

图5-42 运用对齐与分布工具设计出算盘概念的名片

5.8 翻转

可选"对象"→"变换"→"水平翻转"或"垂直翻转","翻转工具"也可在选择控制面板中找到（可参考"3.3.1 选择控制面板"）。翻转工具如前述变换工具一样，须搭配框架对象，如文字、图形或图片使用。经典且有趣的鲁宾之杯，就是运用水平翻转建立图片反转的范例（图5-43）。在绘制对称图形时，先绘制单边，另一边用翻转复制，再用路径查找器工具相加合并，才可得到完全对称的图形。

Ⓐ Ⓑ Ⓒ

图5-44 Ⓐ复制；Ⓑ复制后水平翻转；Ⓒ复制后垂直翻转

图5-43 运用笔者侧脸所制作的鲁宾之杯的翻转图形：烛台与人脸（设计：林韦辰）

范例一：运用间距做变化

将复制后的对象进行水平及垂直翻转（图5-44），再调整对象的间距，以Ⓐ紧、Ⓑ衔接与Ⓒ重叠作为单元形（图5-45），再重复翻转复制，就可产生许多意想不到的连续图形效果（图5-46）。

Ⓐ Ⓑ

Ⓒ

图5-45 利用水平及垂直的翻转，再调整间距，得到三种单元图形。Ⓐ紧；Ⓑ衔接；Ⓒ重叠

图 5-46 以图 5-45 的Ⓐ单元形，运用斜线为轴重复翻转复制所产生的连续图案（符号设计：梁瑜庭）

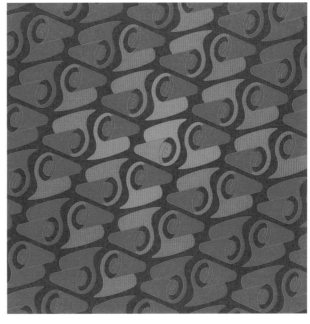

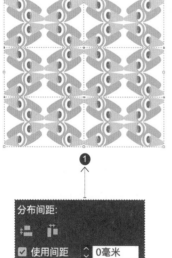

范例二：单元形的衔接变化

以延伸图5-45的Ⓑ图形为单元形，再进行一次水平与垂直镜像的复制体（图5-47）。制作过程见图5-48：①将四个对象组合后的基础单元形继续进行垂直水平翻转，复制六组单元形，让这些单元形无缝衔接，将"对齐"浮动面板的"分布间距"设为0。②建立一个正方形图框，将步骤①完成的图形组合，选择"编辑"→"复制"，"编辑"→"贴入内部"至方框即完成。框架内已组合的四方连续图形，可用选择工具双击框架，或用直接选择工具直接点选，当贴入的图案边界线出现时（图5-49），即可编辑调整内部图案尺寸与位置。

图5-47 使用图5-45的Ⓑ单元形水平及垂直镜面翻转复制出来的图像

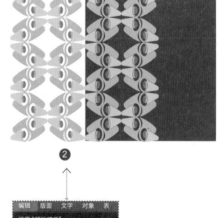

图5-48 ①将分布间距调整为0，对象将紧密无缝地衔接一起；②制作一个方形框架，选择四方排列的图案。使用"编辑"→"复制"，"编辑"→"贴入内部"将图案置入框架中即可完成

❶

❷

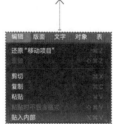

分布间距：

☑ 使用间距 ⇕ 0毫米

编辑 版面 文字 对象 表

还原"移动项目"
重做
剪切
复制
粘贴
粘贴时不含格式
贴入内部

图5-49 用选择工具或直接选择工具点选框架，当图案边界线出现，即可再编辑调整内部图案尺寸与位置

范例三：建构更丰富的单元图形

单元图形结合变换工具可产生变化更多的新的单元图形。在此使用图5-45的单元图形ⓒ，运用不同圆心定位"旋转"复制的设定，用"再次变换工具"反复操作创造更复杂的单元图形（图5-50）。

当运用旋转与再次变换时，有3个技巧相当重要：①保留一些空白空间；②出现一些不对称的局部图形；③保留部分完整图形（图5-50）。

可执行四面连续复制的图形不限于矢量图，即使是摄影或素描作品，只要设定有趣的单元图形，翻转复制后也能产生更多超乎想象的图形（图5-52），再配合变形工具、色彩搭配（请参考"第7讲　配色方案"），连续图案的变化没有限制。

此外，翻转再结合渐变羽化，也可做出很棒的镜面反射效果，请参考"6.4 渐变羽化"。

图5-50 以图5-45的ⓒ单元形为基础，上方ⒶⒷⒸⒹ分别运用了不同的对象角度（红虚线）及旋转轴心的差异设定，创造出复杂的图形

图5-51 左：再运用旋转与再次变换工具，又衍生出的更复杂的基本型；右：运用单元图形设定的3个技巧，就可以变化出既繁复又有趣的新图样

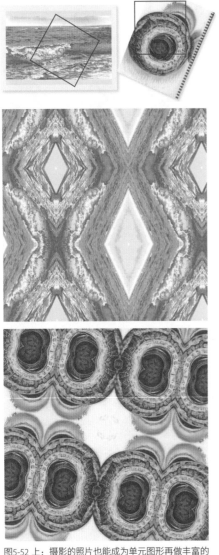

图5-52 上：摄影的照片也能成为单元图形再做丰富的
连续变化（摄影：杨鸿）；下：素描作品也可以变化
成不一样的连续设计（素描：左博文）

范例四：台湾花砖的进阶变化

这是利用台湾花砖元素再自行设计基本图形，制作出美丽的包装纸的范例，其中运用了不同方位的旋转、镜射，从而衍生出许多连续的图案（图 5-53）。

图5-53 基于东方花鸟花砖元素制作的图案，运用单元体的翻转重组，制作出多款连续窗花（图案设计：张之瑜、陈思妤、郑羽涵）

章节导读

关于"效果"

介绍"效果"工具前，先来介绍"效果"的基本概念。

效果工具皆可套用在文字、线条、图形及图片上。有3种开启方式：Ⓐ在菜单栏的"对象"→"效果"；Ⓑ点击选择控制面板以及Ⓒ"窗口"→"效果"启动面板。

本书按适用于图形或图片的效果，分别在两个章节进行说明。适用于"图形"的效果，为"5.9 羽化及定向羽化""5.10 发光效果""5.11 斜面、浮雕和光泽效果"。适用图片的效果，则放在"6.3 投影""6.4 渐变羽化""6.5 透明度"说明。

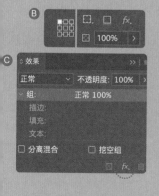

5.9 羽化及定向羽化

大家很习惯将羽化效果应用于图片的边框，这是让图片融入背景的最简单方式，但羽化过多容易破坏图片完整性，请谨慎使用。本章将运用不同层次的羽化设定，让平面图形增加立体或光影效果（可见本节的范例一），也将通过定向羽化改变规则边缘的设定。图形通过错位堆砌可产生残像，晃动感就产生了动态感（可见本节的范例二）。通过增加立体感及动态感，皆可创造平面对象的空间感。

01 ｜ 基本羽化

基本羽化可套用于文字、图形及图片，是整体性均匀化的羽化效果。最棒的是文字不须创建轮廓即可使用，可随时变换字体或修改文字内容。基本羽化设定有羽化宽度、收缩、角点及杂色等选项。羽化宽度可控制模糊的范围，数值越大图片越模糊；角点则有扩散、锐化及圆角3种选择，扩散的羽化效果最自然均匀；杂色可控制画面粒子的粗细程度（图5-54）。

图5-54 角点分为锐化、扩散、圆角

范例一：立体或光影效果

运用不同层次的羽化制作出立体或光影效果：Ⓐ运用钢笔工具绘制简单的蝴蝶结；Ⓑ设定基本羽化的蝴蝶结；Ⓒ设定羽化（收缩：25%，角点：扩散）；Ⓓ定向羽化（方向：左右1、上下0.5，形状：前导边缘）；Ⓔ渐变羽化（渐变色标：黑白渐变，类型：线性）（图5-55）。再将Ⓐ+Ⓑ+Ⓒ+Ⓓ+Ⓔ蝴蝶结重叠，选择"叠加"→"混合模式"→设定"颜色加深"，若调整对象前后排列顺序或透明度，也会产生不同效果，最后给文字加上背景即可完成（图5-56）。

图5-55 Ⓐ-Ⓔ：运用羽化、定向羽化及渐变羽化产生的效果

图 5-56 利用"颜色加深"产生不同深浅变化

02 ｜定向羽化

定向羽化可设定上、下、左、右四边的羽化宽度（请注意须关掉联结符号，图5-57打钩处）。此外，定向羽化的形状可选：Ⓐ仅第一个边缘，Ⓑ前导边缘，以及Ⓒ所有边缘，制作出来的效果请参考下面的范例二。

范例二：动感图形

运用错位残像产生的动态感图形如何制作？先用椭圆工具建立圆形，运用定向羽化的对话框设定上、下、左、右羽化宽度，角度为45°，形状分别设定：Ⓐ仅第一个边缘、Ⓑ前导边缘、Ⓒ所有边缘（图5-58，Ⓐ—Ⓒ）。再运用已完成定向羽化的图形继续延伸，调整定向羽化宽度、不对称设定或改变角度，并且结合"透明度"→"混合模式"，正片叠底复制产生残像效果（图5-58，Ⓓ—Ⓔ）。

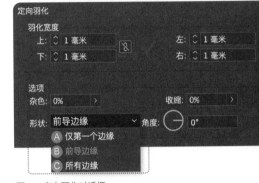

图5-57 定向羽化对话框

Ⓐ　Ⓑ　Ⓒ　Ⓓ　Ⓔ

图5-58 羽化让圆形色块看起来动感十足，也可做出动态的视觉残像效果

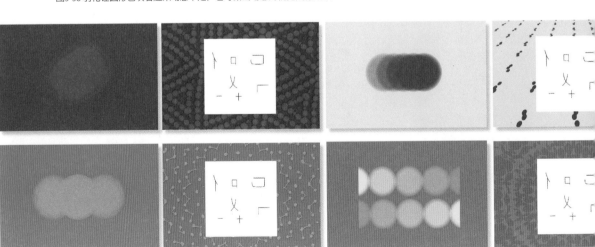

图5-59 运用羽化及定向羽化效果制作的名片（设计：张景媗）

5.10 发光效果

点击"对象"→"效果"→"外发光"或"内发光"。

"外发光"从对象下方散发光晕,犹如于对象背后装了霓虹灯管,所以对象与背景间会产生光线渗透的效果,可设定混合模式(可参考"6.5 透明度");在其他选项中,有Ⓐ柔和、Ⓑ精确(图5-60)。

而"内发光"所建立的效果如霓虹灯管,对象本身发光。同外发光一样,除可设定混合模式、方法(柔和、精确)外,还可以设定源(Ⓐ中心、Ⓑ边缘,图5-61)、大小、收缩等,收缩的百分比可以控制对象色彩与光源色彩配置比例。

图5-60 "外发光"对话框

范例一:基本的光晕效果

光晕效果同样适用于不须创建轮廓的文字和图形。若是应用于文字,建议选择粗细较均匀的无衬线字及较粗的字体。以下范例选择了4种字体,上一排设定外发光(图5-62的Ⓐ—Ⓓ),下一排设定内发光(图5-62的Ⓔ—Ⓗ),可以发现在选用较圆润的字体时,效果与霓虹灯管的造型更接近。另外,选择太细的字体设定内发光效果并不明显(图5-62的ⒻⒼ)。

光晕效果可建立图形的发光感。且当文字或图形放置于相近色调或复杂背景,文字易被背景吞噬掩盖时,光晕效果可以改善这一情况,让图文凸显出来(图5-63)。若是在较细的线条上运用光晕,效果则不明显(图5-64)。

图5-61 "内发光"对话框

图5-62:
Ⓐ外发光,方法:精确
Ⓑ外发光,方法:精确
Ⓒ外发光,方法:柔和
Ⓓ外发光,方法:柔和
Ⓔ内发光,源:边缘
Ⓕ内发光,源:中心
Ⓖ内发光,源:边缘
Ⓗ内发光,源:中心

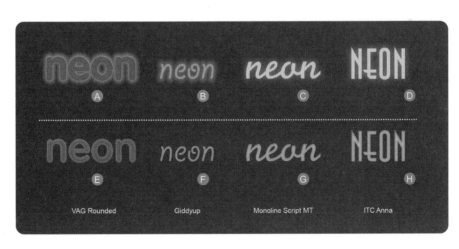

设计的品格

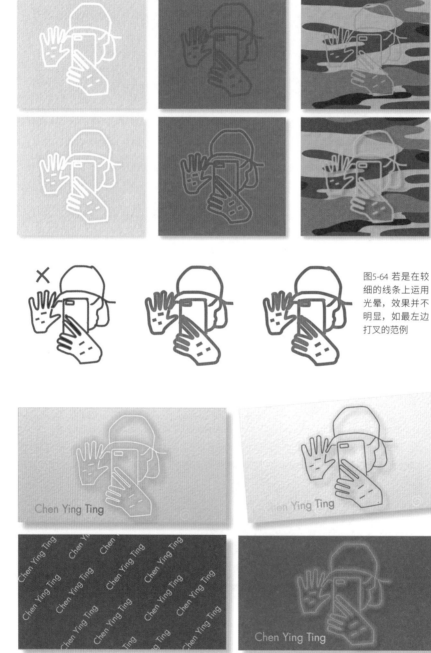

Ⓐ Ⓑ Ⓒ

图5-63 当文字或图形放置于相近色调或复杂背景上时，文字易被背景掩盖，光晕效果可区隔图文。Ⓐ只要用很淡（但比白色深）的外发光稍微强化，仍可表现淡雅的效果；Ⓑ图与背景的色彩相近时，运用亮色外发光，就可将图片从背景凸显出来；Ⓒ过于复杂的背景图案，不论文字或图形都难以突显，也可以用外发光效果改善

图5-64 若是在较细的线条上运用光晕，效果并不明显，如最左边打叉的范例

Chen Ying Ting

Xaio Zhi Ting

图5-65 图案设计（陈映庭）

范例二：利用光晕做出管状或环状的效果

如图5-66的①用工具箱中的框架工具绘制，确定尺寸与颜色，并制作内发光。②用钢笔工具制作局部白色高光块面。③改变框架粗细及运用变换、缩放进行变化。

我们借由范例二再进一步做变化。①复制第二个已建立光晕效果的环。②选取两个环并进入"路径查找器"→"添加"（不选反光的块面）。③选择添加后的图形，至"对象"→"角选项"设定圆角（请参考"5.12 角选项"）。④将添加后接合处的直角转化为与气球造型接近的圆角即为完成图。所有步骤皆在保留光晕效果下进行（图5-67）。

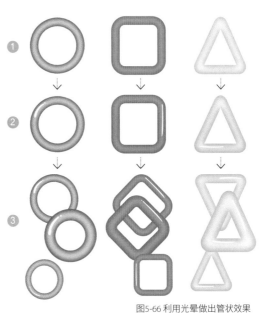

图5-66 利用光晕做出管状效果

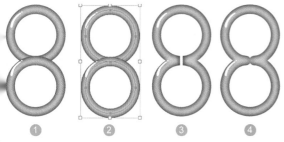

图5-67 制作出具有光泽感的气球造型

范例三：综合运用

运用了以上介绍的光晕技法，加上透明度（请参考"6.5 透明度"），即可做出许多如气球造型的图案，阴影部分使用翻转加上羽化渐变，即可做出如图5-68镜面反射的影子效果。

图5-68 镜面反射效果的设计（萧正庭）

5.11 斜面、浮雕和光泽效果

斜面和浮雕产生立体效果，立体化会使平面对象变生动。光泽效果新增内部阴影，以建立光泽。

01 │ 斜面和浮雕

斜角和浮雕效果可套用于文字、线条、图形及图片框架，也适合用于制作电子出版物的立体按钮设计（图5-69）。"样式"有四种选项（图5-70的Ⓐ）："外斜面"将斜面的立体感建立于对象外部（类似阴影）；"内斜面"将斜面的立体感建立于对象内部（对象立体化）；"浮雕"产生让对象凸出的立体效果；"枕状浮雕"是让对象嵌入背景之后再浮出的效果。

斜面和浮雕的对话框还可通过设定产生更多变化。方法（图5-70的Ⓑ）有"平滑""雕刻清晰"及"雕刻柔和"，这是让对象立体转角边缘产生模糊至锐利的差异。方向有"向上"或"向下"（图5-70的Ⓒ），让对象产生上浮或下沉的感觉。其他设定如大小、柔化、深度及阴影等，都可以尝试使用。

图5-69 按钮的设定：内斜面、平滑、向上。Ⓐ文字选浮雕；Ⓑ文字选枕状浮雕

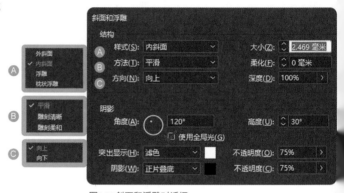

图5-70 斜面和浮雕对话框

02 │ 立体化效果的差异

综合"5.10 发光效果"及其他效果，效果可套用在对象本身或背景上，这里来比较一下各种差异（图5-71）。

先用文字工具建立字符"S"（无须创建轮廓），设定如下：Ⓐ投影（建立于背景）；Ⓑ内阴影（建立于对象的镂空效果）；Ⓒ外发光（建立于背景）；Ⓓ内发光（建立于对象）；Ⓔ—Ⓖ外斜面[（Ⓔ平滑；Ⓕ雕刻清晰；Ⓖ雕刻柔和（建立于背景）]；Ⓗ—Ⓙ内斜面（Ⓗ平滑、Ⓘ雕刻清晰、Ⓙ雕刻柔和）（都建立于对象）；Ⓚ—Ⓜ浮雕（Ⓚ平滑、Ⓛ雕刻清晰、Ⓜ雕刻柔和）（都建立于背景）；Ⓝ—Ⓟ枕状浮雕（Ⓝ平滑、Ⓞ雕刻清晰、Ⓟ雕刻柔和）（都建立于背景），可参考图5-72的logo设计。

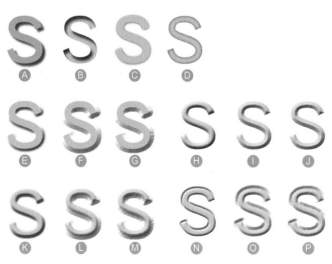

图5-71 这是将S字形利用斜面与浮雕做出不同的效果

图5-72 运用浮雕效果增加logo
的质感（设计：丁慧伦）

03 ｜ 光泽效果

光泽效果可给对象增加如丝缎般的色泽与反光，适合用来增加质感
及立体效果。可选择模式、大小、距离、不透明度及角度等设定。
在模式中，可以让对象变亮的有：滤色、颜色减淡、变亮；让对象
变暗的有：正片叠底、颜色加深、变暗。其他的设定，则须视对象
与套用色彩间的关系来决定，可供选择的有叠加、柔光、强光、色相、
饱和度、颜色及亮度（图5-73），也可参考"6.5 透明度"。

图5-73 光泽效果可选择模
式、大小、距离、不透明
度及角度等设定。Ⓐ模式：
黄点选项使颜色变亮，蓝
点选项使颜色变深，橘点
配合颜色，遇亮则亮、遇
暗则暗

范例一：加强光泽效果

将平面或已套用发光效果的对象，再
通过光泽效果增强立体感，运用光泽
效果可考虑环境色彩，通过对象的反
光反映周边色彩。

以下为雪人的设定（图5-74）。

Ⓐ模式：滤色；大小：1；距离：2。Ⓑ
模式：叠加；大小：6；距离：4。Ⓒ模式：
叠加；大小：6；距离：4；勾选"反转"。

毛毛虫设定如下（图5-74）。

Ⓓ模式：强光；大小：2；距离：2。

Ⓔ模式：颜色加深；大小：2；距离：3。

Ⓕ模式：颜色加深；大小：2；距离：3，
勾选"反转"。

菱形设定如下（图5-74）。

Ⓖ模式：滤色；大小：2；距离：2。Ⓗ
模式：滤色；大小：2；距离：5。Ⓘ模式：
滤色；大小：2；距离：8，勾选"反转"。

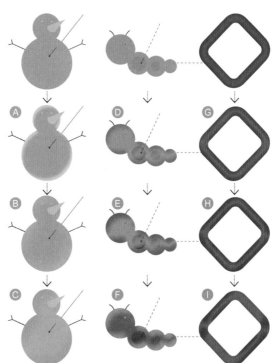

图5-74 雪人加强光泽效果的设定过程

范例二：综合应用

我们试着将上述的效果工具套用在文字及对象上，并且结合"6.1 框架在图像上的应用"，完成人物和背景的模拟图。

墙上的三个标记设定各不相同（图5-75，图5-76）。Ⓐ框：内斜面（雕刻清晰、向上）；符号：外发光+投影；文字（Ⓐ上行）：枕状浮雕（平滑、向下）；文字（Ⓐ下行）：内发光。Ⓑ框：枕状浮雕（平滑、向下）；符号：外发光（精确）+内发光（柔和、边缘）；文字：浮雕（雕刻清晰、向下）。Ⓒ框：枕状浮雕（平滑、向上）；符号：光泽；文字（Ⓒ上行）：内发光（柔和、中心）；文字（Ⓒ下行）：外发光（精确）。

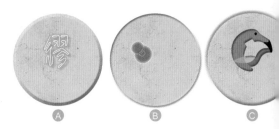

图5-75 未设置背景的标记原图

最后置入背景。人物效果则是用了"羽化"。路过的行人是用钢笔工具建立轮廓线外框后（请参考"6.1 框架在图像上的应用"），再用定向羽化（只设定左右羽化，类似Photoshop的动态模糊）让行人有正在移动的视觉效果。

图5-76 整个画面及效果皆通过InDesign完成

5.12 角选项

InDesign 内置的基本转角样式共 5 种，若善用内外框组合，可以产生至少36 种相框变化。

01 | 转角单框练习

"角选项"须配合框架使用，可以绘制出多角形图形（圆形无法产生效果）。转角工具箱在"对象"→"角选项"（图5-77的Ⓐ）；在选择控制面板上也有转角效果的图示（图5-77的Ⓑ）。在角选项对话框中，把中间如锁状的"统一所有设置"解开（图5-77的打钩处），就可分别设定4个转角的大小与形状，增加框架的变化性（只有四边形可以设定4个转角）。

转角形状可分为Ⓐ花式、Ⓑ斜角、Ⓒ内陷、Ⓓ反转圆角以及Ⓔ圆角。转角效果虽只有5种，但复制双框再配合路径查找器，又可产生许多不同造型（图5-78）。另外，通过边角大小的调整设定，也可以丰富图框。

02 | 画框制作

①先用矩形工具建立两个大小不一的方框，用对齐工具进行水平与垂直的居中对齐（可参考"5.7 对齐与分布"），大小方框皆设定转角效果。②进行"路径查找器"的"排除重叠"（可参考"5.4 路径查找器"），即外框（大）减去内框（小）产生中间镂空的图框块面。③选择"效果"→"斜面与浮雕"（选择：内斜面、雕刻清晰、向上）。④选择"光泽"效果（模式：滤色；大小：4mm；距离：2.5mm），就能制作出更生动的立体画框（图5-79）。

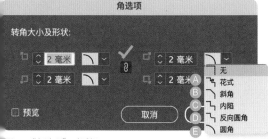

图5-77 "角选项"对话框

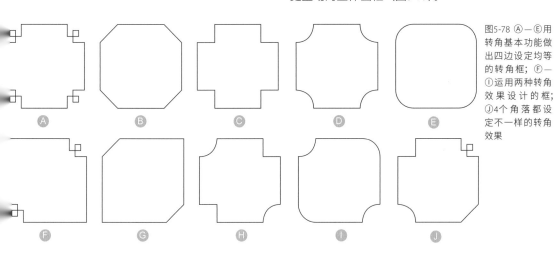

图5-78 Ⓐ—Ⓔ用转角基本功能做出四边设定均等的转角框；Ⓕ—Ⓘ运用两种转角效果设计的框；Ⓙ4个角落都设定不一样的转角效果

设计的品格

03 | 转角边框的排列组合

图5-80是运用5个基本外框，加上路径查找器的"排除重叠"圆角内框所制作出的基本图框。若将Ⓐ花式效果、Ⓑ斜角效果、Ⓒ内陷效果、Ⓓ反向圆角效果、Ⓔ圆角效果5种边框，加上方框进行外框与内框的组合，至少可产生36种对称的相框变化（图5-81）。若再增加不设定均等的转角，就可创造出更多的变化。

图5-79 4个步骤做出转角的立体感

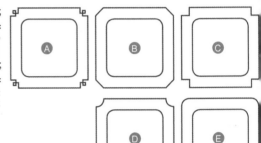

图5-80 Ⓐ外框：花式；内框：圆角。Ⓑ外框：斜角；内框：圆角。Ⓒ外框：内陷；内框：圆角。Ⓓ外框：反向圆角；内框：圆角。Ⓔ外框：圆角；内框：圆角。任意组合就可以创作出不同的厚边框

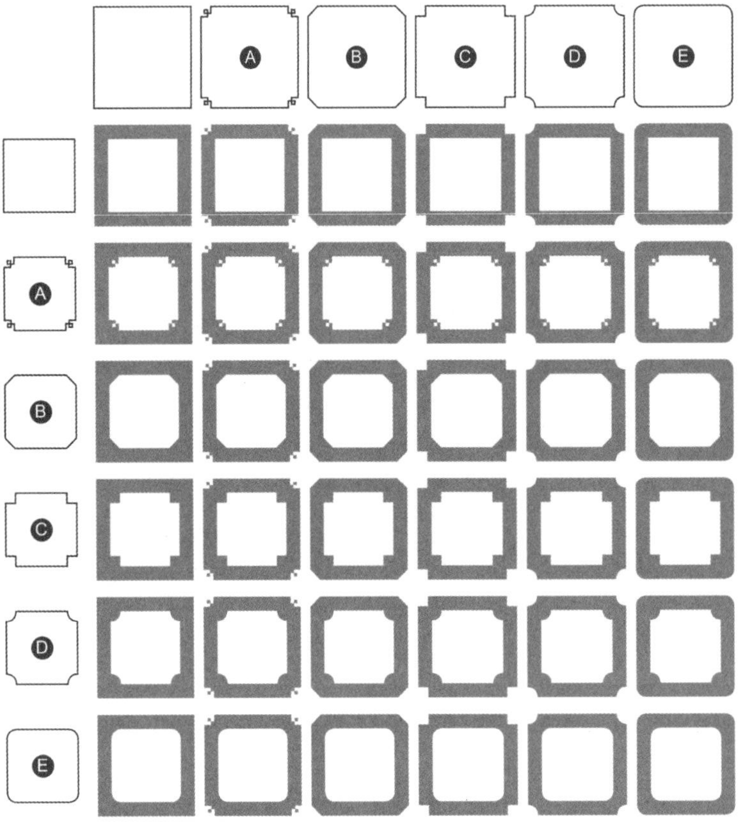

范例：综合运用

运用转角、斜角、浮雕以及光泽效果制作相框,相框内"置入"照片,看起来很自然!

这是洒在屋内墙上的午后光影,笔者将其拍了下来,制作了这个范例。制作过程为:复制两次图片,一张当作背景,点击"对象"→"排列"→"置为底层",另一张"置于顶层",并将"透明度"调整为"叠加"效果压在已画好的相框上,当作自然的光影投射;最后在两层图片上放置4个"相框"即可。这是一幅完全用InDesign几个步骤就能制作的画面（图5-82）。

图5-81 上排为外框设定、左列为内框设定，至少可组合出36种相框造型

图5-82 用InDesign制作出阳光从窗户照射到墙上相框的光影画面

第6讲
视觉元素：图像

本讲中所定义的影像是指点阵（Pixel）图形（位图），与上一章的矢量（Vector）图形有所区别。多数点位图修改、编辑及合成都在Photoshop执行后，再用"文件"→"置入"导入InDesign编辑。InDesign可读入许多图片格式，如PSD（Photoshop原生格式）、TIFF、GIF、JPEG、PNG等。通过本讲中图片相关的工具介绍，我们可以进一步认识InDesign，会发现它不只是图文编辑的软件，也有足够的处理图片的功能。

本讲内容大致可分三大类：

01 ｜ **图片置入**："6.1 框架在图像上的运用""6.2 适合"。

02 ｜ **图片与效果**："6.3 投影""6.4 渐变羽化""6.5 透明度"。

03 ｜ **图片与排版**："6.6 图层应用""6.7 多重图像置入与链接""6.8 文本绕排"。

此外，图片置入后，InDesign图片无法像Illustrator那样可以嵌入，一旦图片变换存储位置（文件夹），就须重新链接更新文件路径（图6-1）。在InDesign的编辑工作完成后，务必进行"印前检查"与"打包"，这样才可确实将使用的图片收集完整，请参考"11.1 印前检查与打包"。

图6-1 通过链接面板，确认文件是否全部链接

编辑原稿

与"第5讲 视觉元素：形"的矢量图形一样，InDesign提供了编辑位图原稿的工具。选择置入的图片，按鼠标右键选择"编辑原稿"（预览程序）或"编辑工具"（请选Photoshop），就会自动跳转至Photoshop软件进行修改（图6-2）。修改的档案在Photoshop储存后，InDesign即自动同步更新，图片不须重新置入，而且图片的链接不会因改动而产生问题。

图6-2 选择图片，再点击鼠标右键，选择"编辑工具"即出现外部软件的选项。通常图片都使用Photoshop处理

6.1 框架在图像上的应用

InDesign的图文都采用框架结构建置，一般先用几何图形（可分为矩形、椭圆形及多边形）、贝塞尔曲线或路径查找器等建立框架结构，再进行文字、图形及图片的绘制或置入编辑。本节试着将框架解构，让图文跳脱出框架的约束，以产生更多有趣的构图变化设计方法。

建立图片框架的方式有下列几种：①使用工具箱内的"图形绘制工具"（矩形、椭圆形及多边形）；②使用工具箱的"框架工具"（矩形、椭圆形及多边形）；③使用钢笔工具（可参考"5.3 钢笔工具"）；④使用路径查找器（可参考"5.4 路径查找器"）。

蒙太奇 与 拼贴

简单来说，蒙太奇于平面设计的运用，是将图片放在一起后形成一个整体的图片，是源于拍摄影片的手法。而拼贴则是将几个图片放在一起形成分割的图片，色彩、质感的应用较为丰富。

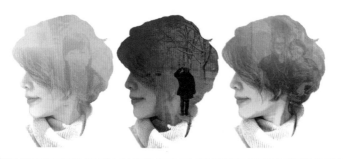

图6-3 左：三个人生关键阶段的回忆，蒙太奇效果；右：大脑的旋律，拼贴

01 │ 框架的运用

跟着以下步骤，学习用框架让版面更生动。①先运用框架将一张完整的图片分割，单调的图片瞬间充满变化性；②再尝试将每个框架内的图片，运用"对象"→"适合"中的几种设定（可参考"6.2 适合"），就会产生不同配置比例的影像；③再解构框架合理位置，利用错位的留白框加入文字，就产生了带有律动的画面（请参考"8.3 版面元素——点、线、面构成"），这样一来，版面就更加有趣了；④最后再加上"效果"→"透明度"产生色彩的变化，就制作出了生动的文字与图像（图6-4）。

图6-4 ①将圆形框分割为4个部分，分别贴入同一张照片；②用直接选择工具将框架内照片缩放及移动；③位移框架，局部加入色块，使用效果中透明度产生影像的色彩变化

范例一：改变框架结点的应用

用矩形工具绘制出框架，再用工具箱"直接选择工具"改变框架的节点，制作出斜面，从而产生透视感。利用"直接选择工具"也可以调整图片于框架内的位置（图6-5）。

范例二：框架用减去法产生留白

我们也可以用框架来产生留白。①运用框架组合多张图片，仔细观察图片本身的构图与线条，重新组织所有画面的动线。②和③再补充一些半透明框架，强化画面中的基本结构（斜面），并利用深浅色调加强版面层次；④建立白色的框架，使用减去法的构图，产生一些白底，适当的留白让画面与背景有更好的融合效果。（图6-6）

图6-5 改变框架节点，斜面让图片增加空间透视感

图6-6 ①运用图片自身影像的线条或角度，作为框架分割的参考；②增加一些斜面可让画面更活泼；③运用透明度让框架具前后层次；④再加入局部镂空留白，使得版面更富变化且带有更舒服的流畅感

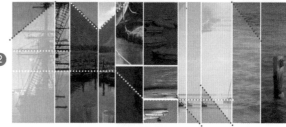

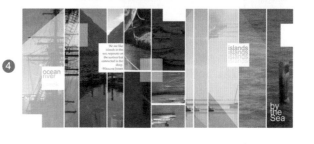

02 │ 用钢笔工具建立轮廓的框架

运用钢笔工具制作的图框，可置入材质或照片，得到蒙太奇的画面效果（图6-7及图6-8）。简单的轮廓只要用InDesign的钢笔工具描绘就够了（请参考"5.3 钢笔工具"），可节省软件转换的时间。

图6-7 这是学生为自己设计的专属符号，"头上"置入的图片都是学生环岛时的照片（设计：林坤毅）

图 6-8 利用钢笔工具描绘脸部轮廓，再将天空的图片置入（设计：李宗谕）

范例三：在InDesign上也能完成抠图

用钢笔工具描绘影像的轮廓线，就是好用的抠图工具。①先从"文件"→"置入"图片，并将影像以"对象"→"锁定"；②用钢笔工具绕着图片描边即可（适用于轮廓清楚的影像）（图6-9）。描好的框架可以是Ⓐ线条，Ⓑ色块，Ⓒ再置入原图变成抠图图形等形式（图6-10）。我们可以运用"效果"→"透明度"处理手与背景图，再用"自由变换"及"再次变换工具"处理纹路的部分（图6-11，请参考"5.6 再次变换工具"）。

图6-9 ①先将置入的图片锁定；②使用钢笔工具顺着轮廓清晰的对象边缘进行描边，再将锁定的照片解除锁定，最后直接复制原影像并贴入描边范围内即完成图片抠图

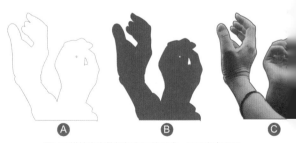

图6-10 描绘出来的框架有三种形式，可以自由运用

Catch the wind,
Jinshan Dist, New Taipei City

Catch the wind,
Bainbridge Island, Washington

6-11 将抠图得到的图片套用在不同城市的背景上，就成了一套记录与家人一起旅行的卡片

6.2 适合

"适合"工具用于调整图片于框架的位置及比例，在对象选取的状态下，出现于以下几处。①菜单栏"对象"→"适合"；②菜单栏下方的"选择控制面板"中的"适合"图示菜单③"框架适合选项"的对话框，也可进一步设定"对齐方式"：点选对齐方式的九个点，就可重新定位对齐的基准点，若未特别设定，框架中心就是对齐点（图6-12）。主要的"适合"方式可分为：Ⓐ按比例填充框架，Ⓑ按比例适合内容，Ⓒ内容识别调整，Ⓓ使框架适合内容，Ⓔ使内容适合框架，Ⓕ内容居中。其中，"内容识别调整"会移除套用于图片的变形，如"缩放""旋转""翻转""切变"，但不会移除套用于框架的变形。"内容识别调整"功能无法应用于Windows 32位系统。

01 | 按比例填充框架

图形保有原始长宽比例，以图片的较小边缘作为适合框架的基准，一般照片多为垂直或水平。若框架比例不一样，会造成图片被裁切，可用"直接选择工具"（手形）调整位置，这算是图片与框架最佳适合的选项（图6-13的③）。

02 | 按比例适合内容

图片以原始长宽比置入框架中，以图片较长边缘来配合框架，将产生图片小于框架的情况，类似冲洗照片时刻意留的上、下（或左、右）白边。可将框架填入其他颜色（图6-13的①⑥⑦）。

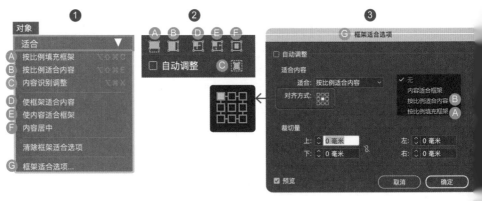

图 6-12 ①菜单栏"对象"中的"适合"；②"选择控制面板中的"适合"图示；③框架适合选项对话框对齐方式的九个点都可设定

03 | 使框架适合内容

原本正方形的图框被改变了尺寸，以配合置入图片的尺寸。若图片尺寸与框架尺寸相差较大，容易造成画面的凌乱感（图6-13的④）。

04 | 使内容适合框架

图片将被迫调整以符合框架尺寸，除非图片与框架比例相同，不然会导致图片变形（并不建议图片配合框架变形）（图6-13的②中人物出现轻微变形）。

05 | 内容居中

图片以原尺寸置入框架且不进行缩放，直接放置于框架的中心。若图片较大，会只出现图片中心局部画面，图片以不完整的形式呈现（图6-13的③⑤）。

图6-13 南半球的甜蜜记忆

6.3 投影

投影可套用于文字、线条、图形及图片框架,在"6.1 框架在图像上的应用"中所教的抠图,若是加入背景图,会感觉有"飘浮感",不够真实。这时,可通过调整对象与背景之间阴影的位置及距离,使两者产生关联性。可从"效果"→"投影"进行设置:使对象投影落于背景中,或通过"效果"→"投影"做出类似镂空的影子(可参考"5.11斜面、浮雕和光泽效果")。在画面中若有多个对象须设置投影,请使用"全局光",以使文件中所有套用效果的对象具有统一的光源(图6-14)。

请先想象光源所在的位置,若光源靠近对象,阴影则越深且短;若光源远离对象,则阴影较柔和且长。背景与对象的距离也可能改变阴影长短。另外,光源角度也会产生不同影响:位于正上方(90°)位置,光源垂直照射对象,产生的阴影位于对象正下方,颜色较深且阴影较短;若光源位于150°前方的位置,其角度如日落的阳光,会产生落在后方较长的阴影。

图6-14 平面的书籍加上阴影,就多了一分立体感

01 │ 投影制作方式

让我们试着了解如何制作投影。①先运用钢笔工具绘制出阴影;②选择"基本羽化"柔化阴影边缘,也可再加上"渐变羽化"让阴影更自然。

图6-15中的Ⓐ Ⓑ Ⓒ阴影均是按照上述步骤完成的,但差别在于对象与桌面之间的高度不同:通过调整阴影的透明度,从而产生不同的距离感。Ⓓ则是直接通过"效果"选项制作的阴影,位置距离为5mm,Y位移量为5mm角度为99°,这种阴影使得视角比较接近于平面。

图6-15 用钢笔工具描绘出石头造型,选取质感图案使用"编辑"→"复制"及"贴入内部",将质感套入框架内。可用钢笔工具绘制阴影,绘制的阴影再使用"基本羽化"使其变得更自然,最后调整适当位置即可(素材:王嘉晟)

图6-16 运用反射、渐变羽化等工具做出镜面倒影,即可展现画面干净的摄影效果

图6-17 产品上加上倒影效果后，质感加分

02 │镜面倒影

另一种制造影子的方法比较现代、科技，如苹果公司产品就喜欢使用这样的效果。想象在摄影棚具有反光效果的桌面上拍摄的产品图片，在InDesign中也可以制作出这种效果：先复制对象并进行垂直翻转，再选择翻转对象执行渐变羽化（离对象越远的反射，会越透明），最后依光源调整反射影子的透明度。（图6-16和图6-17）

03 │其他范例

在展现产品或平面作品时，运用阴影或镜面倒影（图6-18）。这些在InDesign上都可以制作出如在摄影棚拍出的质感与效果。

图6-18 给产品加上镜面倒影，效果宛如摄影棚实拍

6.4 渐变羽化

图6-19 上：工具箱中的渐变工具；下：渐变羽化工具。两者完全不一样，渐变工具是色彩工具，渐变羽化工具是让对象以透明度渐变的变化效果

图6-20 菜单栏"对象"→"效果"→"渐变羽化"

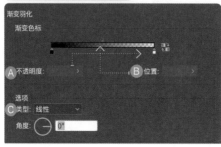

图6-21 渐变羽化面板，可调整透明度、位置、类型（线性与放射状）及角度

渐变羽化能够让前景（图片或对象）以渐变的方式透明化，让前景与背景产生自然融合的效果。

渐变羽化工具位于工具箱（图6-19）中，也可从菜单栏"对象"→"效果"→"渐变羽化"开启（图6-20）。开启后的对话框中的"渐变色标"，可以通过移动下方的方格调整透明度，这与设定"不透明度"是一样的效果（图6-21的Ⓐ），也可通过增加方格设定更多的羽化位置。"位置"（则与色标上的菱形一样）可调整不透明度的骤增或骤降，可移动菱形重新设定渐变的中心位置（图6-21的Ⓑ）。

渐变羽化选项的类型可分成"线性"与"径向"两种（图6-21的Ⓒ），也可通过角度设定增加变化。渐变羽化工具可以套用于线条、块面、组合对象、文字（无须创建轮廓）及置入的图片。

范例说明：设计出独一无二的邮票

利用钢笔工具绘制框架，再置入质感制作出以山景为主题的系列插画（图6-22）。本范例将以这些图像作为邮票上的图案。

接着请参考图6-23的步骤来设计属于自己的邮票。①运用路径查找器制作出邮票的边框，再用矩形工具制作出蓝色背景；②另外建立较小矩形框架置入材质图像；③选择渐变羽化工具将材质以自然的效果融入背景，依视觉需要调整透明度效果（可参考"6.5 透明度"）；④将组合后的山景插画置于最上方（也可以做渐变羽化效果）；⑤输入文字再创建轮廓，做出创意字体（图6-23）（请参考"4.1.5 装饰设计"）。利用渐变羽化工具将图案与背景用柔和的方式融合，有趣的邮票设计就完成了（图6-24）。

图6-22 运用钢笔工具绘制图框，再置入带有材质纹理的插画原图（设计：潘怡妏）

图6-23 按照这5个步骤，设计出自己的邮票

图6-24 这套邮票与信件，都是用InDesign框架及渐变羽化工具设计制作的

6.5 透明度

图 6-25 菜单栏"对象"→"效果"→"透明度"

图6-26 选择工具的控制面板上的fx图示就有透明度选项及不透明度数字可输入

图6-27 在透明度对话框中，有多种混合模式可以选择。黄点：颜色加亮，蓝点：变深，橘点配合颜色：遇亮则亮、遇暗则暗，绿色：差集

可从"对象"→"效果"选择"不透明度"，利用百分比调整透明比例（图6-25），其他进阶的"透明度"选项则隐藏在效果（fx）的图示中（图6-26）。点击"透明度"，即出现对话框（图6-27）。在基本混合模式中，有Ⓐ正片叠底、Ⓑ滤色、Ⓒ叠加、Ⓓ柔光、Ⓔ强光、Ⓕ颜色减淡、Ⓖ颜色加深、Ⓗ变暗、Ⓘ变亮、Ⓙ差值、Ⓚ排除、Ⓛ色相、Ⓜ饱和度、Ⓝ颜色、Ⓞ亮度可以选择（图6-27）。

透明度混合模式与Photoshop的图层混合模式效果相同，在操作时可以打开预览功能，还可快速选择预期效果。在混合模式中，可以让对象变亮的有：滤色、颜色减淡、变亮；让对象变暗的有：正片叠底、颜色加深、变暗；其他的设定则看对象与套用色彩间的关系：叠加、柔光、强光、色相、饱和度、颜色及亮度，遇亮则亮、遇暗则暗。另外，差值、排除则是用差集的方式混合，画面会产生如负片的效果。

范例一：透明度混合模式测试

标示红框的块面分别使用了不同的透明度混合模式处理色块重叠处：①正常模式；②正片叠底模式；③滤色模式；④叠加模式；⑤颜色减淡模式；⑥颜色加深模式；⑦变亮模式；⑧色相模式（图6-28）。

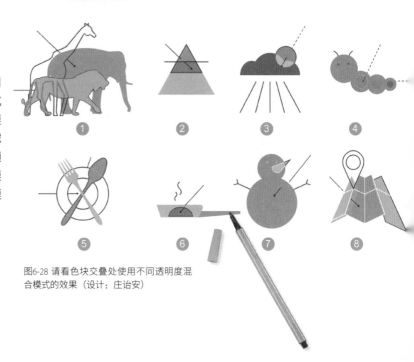

图6-28 请看色块交叠处使用不同透明度混合模式的效果（设计：庄诒安）

范例二：只用一张迷彩图片，创作出整套迷彩系列

置入一张带有迷彩图案的图片，在图像前加上单色图框，只要运用透明度混合模式，即可创作出整套迷彩系列图案（图6-29的Ⓐ至Ⓞ）。延续图6-29设计出来的迷彩图案，将其运用至透明名片设计（图6-30）。

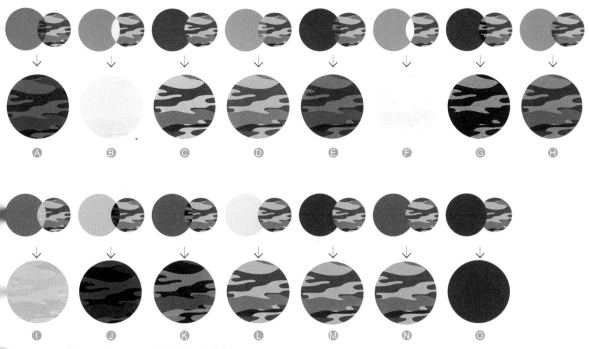

图6-29 运用不同的混合模式，可以产生许多迷彩图案的变化

图6-30 将迷彩图案置入底图，利用透明度做出透明名片的效果（图案设计：陈映庭）

图6-31 用黑白照片再叠上透明红色的色块（设计：李宗谕）

范例三：透明色彩应用于黑白照片的设计感

InDesign的透明度模式与Photoshop图层模式相似，只是在InDesign中无须使用图层，对象间只要有重叠的前后关系，即可处理透明度效果。将色彩与黑白照片重叠结合，十分具有设计感。例如，将红色的圆形叠在黑白照片上，将红色圆形的透明度基本混合模式设定为正片叠底即可（图6-31）。

图6-32 将人像镜像复制，再搭配人像剪影色块，与黑白照片错位重叠，就能创造具独特风格的印刷叠印效果

范例四：透明度产生叠印效果

图6-32的范例也是利用了透明色彩与黑白照片结合的设计。人像用镜像复制，将图像（图6-32的②）进行"对象"→"排列"→"置为底层"，将人像色块（图6-32的③）设定为"效果"→"透明度"的正片叠底模式，与黑白图像错位重叠，产生晃动的印刷错位效果。

中心再叠上圆形桃红色块，分别使用"透明度"的饱和度模式及差值模式，产生不同感觉的画面，最后再配上应用了发光效果的文字（图6-32的①），即可完成。

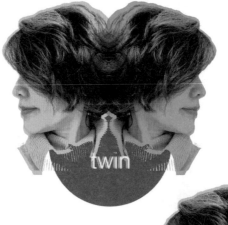

图6-33 左上：圆形桃红色块选择"透明度"的饱和度模式的结果，桃红色块被蓝与绿色压在最后面；右下：桃红色块选择"透明度"的差值模式，桃红色块跑至前端，产生宛若黑白负片的个性画面

6.6 图层应用

6.6.1 InDesign图层应用

InDesign主要用于整合图文及多页数排版的工作，并不建议使用图层，若需要使用请小心。图层只运用于以下三种情况。

01 │ 辅助标示使用

可将辅助线等非打印元件单独放在一个图层，记得在打印时，将辅助标示图层关闭（图6-34），可参考"2.1.4 版面设定及样式设定"。

02 │ 印刷套版使用

建立新图层以独立于印刷及印后加工处理（如局部上光、烫金）的图案，用图层分层管理（图6-35）。将需要制作特专色的图文部件，放置于新图层内，再利用辅助信息区用文字标示印刷说明，如特殊色标示、刀模线标示等，用加工方式命名图层，请参考"3.1.3 页面工具介绍"。

03 │ 避免遮盖主页项目使用

在文件页面放置满版图片或大面积的对象，主页的元件会被遮盖（如：线条、页码），即使使用"对象"→"排列"也无法将页码前置。将预设的图层1当成文件的主要图层，但另设新图层（可命页码标记等名称）且放置于图层1之上，将主页的元件项目（页码书眉等），从图层1"剪下"，然后至新增图层执行"原位粘贴"，再把主版项目拉到最顶端，这样可以避免主页对象被图片覆盖的问题（图6-36）。

图6-34 图层用于编排辅助线的设定。图层1主要放置多数图文（通常不用再设定），新增一个"辅助线"图层并放在下层，方便编辑时参考用，输出前请关闭"辅助线"图层

图6-35 图层用于印刷的设定。图层1是主要文件图层，新增可标示特殊印刷加工的图层供印刷厂使用

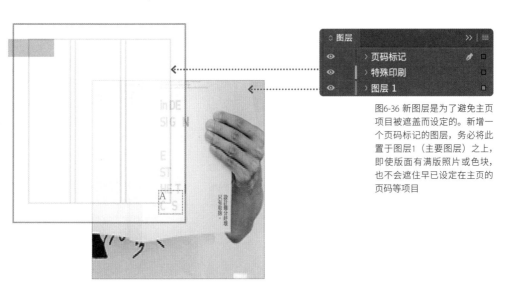

图6-36 新图层是为了避免主页项目被遮盖而设定的。新增一个页码标记的图层，务必将此置于图层1（主要图层）之上，即使版面有满版照片或色块，也不会遮住早已设定在主页的页码等项目

6.6.2 PSD的图层支援

用InDesign还可进行PSD图层的图片合成。在开启InDesign后，将Photoshop所建立（保留图层）的PSD文档，运用"置入"选项将单一图层或复合图层读入文件中，就可以在InDesign中进行图像重组与合成了。置入的PSD文档并不限于图片，运用到以3D软件制作的3D元件中效果更棒，在3D软件中将对象进行360°旋转或透视移动所记录的画面，逐一输出至Photoshop图层并存PSD档（图6-37），再置入InDesign编辑，就可以很快做出有透视图的海报。本节以3D对象制作海报范例做说明。在此，再次强调图片虽多由Photoshop处理完成再置入其他软件编排，但有时候因文字或背景与对象间需要调整比例或构图，往往要反复开启Photoshop调整，而本节则是将对象画面的构图都拉进InDesign与文字、背景一起处理，更有弹性，能节省大量的修改时间。

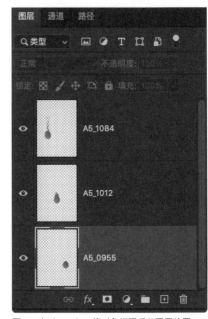

图6-37 在Photoshop将对象抠图后分图层放置

图6-38 在"置入"对话框中请勾选左下"显示导入选项"

图6-39 图像读入选项包含"图像""颜色"与"图层"3种设定

操作步骤

01 │显示导入选项

从"文件"→"置入"导入PSD文档，务必勾选"显示导入选项"（图6-38）。在选项对话框中，还包含图像、颜色、图层3种设定（图6-39）。

02 │图像与颜色选单

在Photoshop建立储存路径、遮罩或Alpha通道的图像（如透明对象），读入时在"图像"选单中执行"应用Photoshop剪切路径""Alpha通道"即可在InDesign中移除背景（图6-39）。

"颜色"选项中"配置文件"及"渲染方法"，用于定义原始档与InDesign之间的色彩关系。"使用文档默认设置"及"使用文档图像方法"是较常使用的设定。

03 ｜图层选项

在"图层"选项中，"眼睛"图示可任意开启或关闭，用于选取所需置入的图层。图层可单选、多选及全选（图6-40）。通过图层选项将需要的图像分别置入，就可以在InDesign文件中将图像重组排列，如同重新合成的图像概念。图、文及背景皆可一起进行修改。"更新链接选项"可选择"保持图层可视性优先"或"使用Photoshop的图层可视性"。

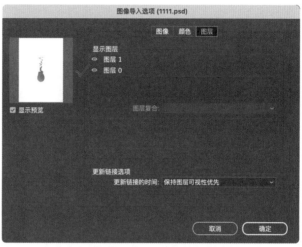

图6-40 图像导入选项的"图层"，眼睛图示可以开启或关闭，可以单一选择或者多选，甚至也可全选

04 ｜实际运用

请参考图6-41的步骤。①建立渐变背景（可参考"5.9 羽化及定向羽化""6.4 渐变羽化"）；②—④，置入PSD文档，将对象依图层分次置入画面中排列；⑤运用透明度效果（请参考"6.4 渐变羽化""6.5 透明度"）做出更有趣的对象色彩或是残影，产生对象晃动的感觉；⑥输入文字，制作文字效果（请参考"5.10 发光效果"）。

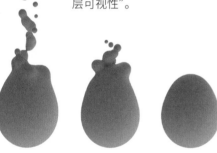

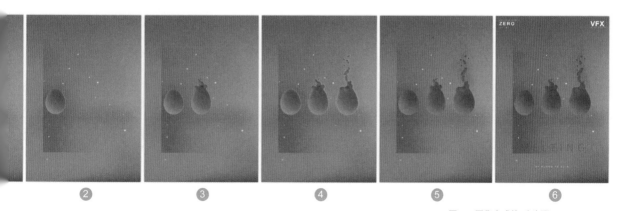

图6-41 图像合成的6个步骤

范例参考：系列海报

这个系列海报都是运用 3D 制作元件，储存成 PSD 档再置入 InDesign 的。对象可以通过构图产生不同的视觉效果，如水平排列产生稳定的顺序性（图 6-42 的左图）；垂直排列则产生强烈的下坠的速度感（图 6-42 的中间图）；调整对象的大小，则会产生空间的深度（图 6-42 的右图）（可参考"8.4 版面结构"）。

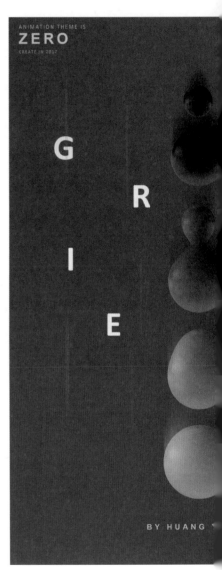

图6-42 运用3D元件在InDesign中制作的系列海报。左：Melting；中：Grandiety；右：Zero（设计：黄宇新）

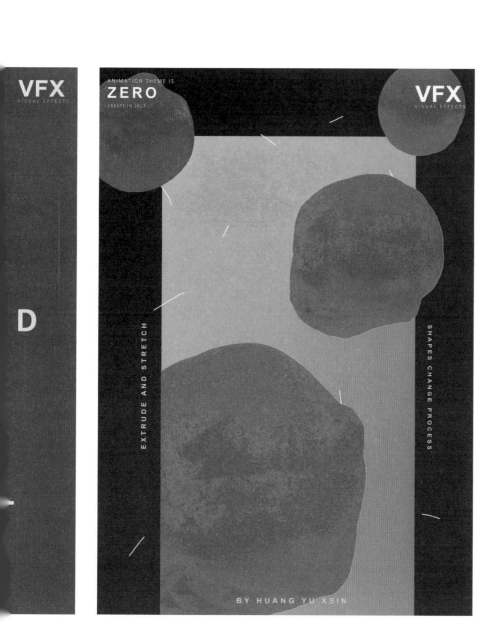

对象，是一种对比关系
对象距离可塑造空间的层次，
也可突显对象的重要性

图6-43 瑞士汽车俱乐部海报 "protégez l'enfant！"（1955年）

这里，我们挑选了约瑟夫·穆勒·布鲁克曼（Josep Müller-Brockmann）的作品。这张1955年瑞士汽车俱乐部的海报 "protégez l' enfant！"（注意那个孩子！）（图6-43），是作者早期的一张经典作品！在习惯居中对称的海报构图中，这张海报的版面设计充分展现出了即使是平面的图案也能做出立体的视觉感。他到底做了什么事呢？让我们来剖析一下这张海报吧。

大小与透视

一张透视图，须将对象依序由近及远排列。在版面构图上，将前景的对象放大，后方的对象缩小，利用大小的对比关系，就能让整体空间层次感更强。

设计概念

平面作品若要表达空间层次感，可以想象靠近观看者的对象因为距离近，通常显得大而清晰，因此，利用放大面积，提高画质清晰度，使用较鲜艳的色彩或对比较强的光影效果（如舞台上用聚光灯帮主角照明），这些都是可以凸显对象的近距离感及视觉重要性的方式。反之，离观看者距离较远的对象，在空间上因与观看者距离大，则常以缩小面积、模糊图像（照相机的失焦）、降低色彩饱和度，或使用柔和、昏暗的照明（如舞台上配角总站在晦暗的角落）的方式，减弱其重要性并让对象产生后退的感觉。

对象之间是一种"对比"，不是完全绝对的关系，在建立对象的空间层次感时，采取以上的建议，就可以让平面空间立体化。

6.7 多重图像的置入与链接

01 | 多重图像置入

在InDesign中可选择多张图像一起置入文件。本节介绍两种置入多张图像的常用方法。第一种方法：先用框架工具建立一个图像框，可先设定效果，如适合及对象样式等，然后复制已设定好的图框至所需的数量；再至"文件"→"置入"，长按Shift键选择多张图像，之后InDesign页面将出现一个缩略图及数字图示（图6-44），图示上的数字即代表所选图像张数；接下来，可依照片顺序逐一置入已建好的图像框，括号中的数字会随着图像的置入慢慢递减。

第二种方法是讲求高效率的出版业比较常用的方式，适合阵列照片的排列，但制作图像框的操作略显复杂，具体操作如下：首先与第一种方法一样用框架工具建立图像框，但这次须拉一个较大的图框，在按住鼠标不放的同时，请搭配键盘的上下左右键（图6-45），Ⓐ上键可增加列，Ⓑ下键可减少列，Ⓒ左键可减少栏，Ⓓ右键可增加栏，如此便能制作一个多格阵列式的图像框（图6-46）；接下来，通过"文件"→"置入"选择多张图像，按照预计排列的顺序点按框架格子即可（图6-47）。这个方式需要两手同时操作，多一些练习能让动作更为顺畅。

图6-44 请按Shift键选择多张图像。图像置入文件后，页面会出现其中一张图像的缩略图及数字图示，表示选择的图片张数，数字会随着图像的置入递减

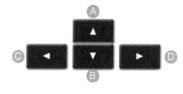

图6-45 可以使用键盘上的方向键来增加或减少图框数量，Ⓐ增加列；Ⓑ减少列；Ⓒ减少栏；Ⓓ增加栏

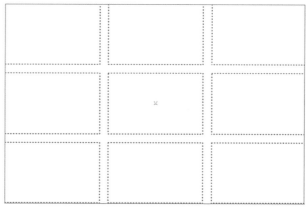

图6-46 这是点击两次右键与两次上键制作的多格图像框

图6-47 将图像逐一置入多格图像框内

6.8 文本绕排

开启"窗口"→"文本绕排"浮动面板,文本绕排是指一种图片与文字之间的关系。首先,必须将图框通过"对象"→"排列"移置于字框之上,才可执行文字绕图排布的效果。浮动面板的设定可分为五种:①无文本绕排、②沿定界框绕排、③沿对象形状绕排、④上下型绕排或下型绕排、⑤反转。"偏移量设定"可针对上、下、左、右四边进行对称或不对称的图文间距设定。"绕排选项"主要设定图框的对应位置,最常用的是左侧和右侧(图6-48的Ⓐ)。"轮廓选项"主要设定绕图的形状,如外框或是抠图对象边缘,都是可以设定的类型(图6-48的Ⓑ)。

01 │ 无文本绕排

在无文本绕排的设定下,若图框置于文字之上,就会产生图片直接覆盖文字的现象。(图6-48的①及图6-49-Ⓐ)

02 │ 沿定界框绕排

无论图片是否经过抠图处理,皆以方形框架设定绕图,文字会围绕方框外围进行排列,可设定顶端、底部、左侧及右侧的偏移量,还可设定等距或不等距效果。(图6-48的②及图6-49的Ⓑ和Ⓒ)

03 │ 沿对象形状绕排

这是最常用的文本绕排设定,使用Photoshop路径或Alpha通道先处理透明背景,再置入InDesign的图框之中,文字便可围绕图片轮廓线排列,还可设定偏移量让文字与框间的留白距离均等或不等。抠图对象的框架也可以用钢笔工具描绘,请参考"6.1 框架在图像上的应用"。(图6-48的③及图6-49的Ⓓ和Ⓔ)

04 │ 上下型绕排或下型绕排

这两个选项较为类似,文字直接跳过图框(预设为方形框架),进行上下或单边的编排,这个设定通常因文字段落及图片宽度而产生不同的效果。(图6-48的④)

05 │ 反转

在勾选此选项时,文字不再绕框外围排列,而是反转至框架形状内排列,会产生文字盖图的情况。(图6-48的⑤及图6-49的Ⓒ)

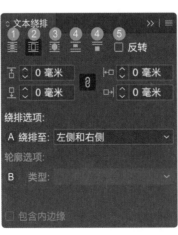
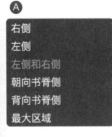

图6-48 文本绕排浮动面板的选项,供细节调整使用

图6-49 通过文本绕排的设定，可以看出从Ⓐ到Ⓔ的变化，关注图与文字的排列

范例参考：系列明信片

这个明信片系列用同样的抠图照片，运用不同的文本绕排方式进行了排列。运用中文、日文及英文有关思念的诗或歌词，以随性的铅笔笔触表达思念之情。文本绕排需要注意文字阅读的流畅性，这些范例只为凸显效果差异，阅读体验没有列入主要考虑范围（图6-50）。

图6-50 左：无文本绕排；中：沿对象形状绕排，轮廓选项类型"图形框架"；右：沿对象形状绕排，轮廓选项类型"定界框"

03

编辑整合

"设计基础"一章介绍了编辑设计流程，以及InDesign的工作区。"视觉的创意"介绍了InDesign能创造出字体、图形及图像的基本工具，以及如何呈现。经过上述两章，想必读者手上已经准备好了设计素材，跃跃欲试了。因此，在本章我们将进入另一个阶段，将以上所学应用在实际的版面编排上。

本章共分五讲，首先是"第7讲　配色方案"和"第8讲　版面设定"。这两讲是读者进入InDesign印前操作的重要工作。色彩对版面编排而言，不仅能凸显出版品的特色，更重要的是能统一一本书的调性，第7讲将会从基础色彩概念到InDesign的色彩应用循序渐进地介绍配色方案。接着，第8讲则从出版品规格至文件设定、版面结构以及版面韵律节奏等方面进行说明。

"第9讲　样式设定""第10讲　主页设定"也是印前作业中重要的设定工作。在样式设定中，将展现出InDesign最强大的功能——定义版面元素共同的规范与效果，尤其是文字定义。而第10讲则是排版的骨架结构，是版面律动性统一的准则。最后一讲"第11讲　输出"，则是印前工作的最后一个步骤。正确结束印前工作，可以让印刷及印后加工的程序更顺畅。

第7讲
配色方案

色彩是设计中十分重要的元素，在排版中亦然。我们大多通过版面结构制定规范，来保证书册、杂志等连续页面的统一性。但是，配色方案有时候比版式结构更容易让版面达到风格的一致性。

本章中，"7.1 色彩初阶"主要介绍色相、亮度、饱和度、对比度等基础概念和配色参考，以及色彩于InDesign文件中的应用。"7.2 颜色面板""7.3 色板面板""7.4 渐变面板"将分别介绍InDesign的相关色彩应用，如颜色、色板及渐变色彩等。

在编排的过程中，必须要汇总并整理来源不一的图像素材。人们多半会通过Photoshop或Lightroom处理图像及统整全局色调。InDesign虽不是图像处理的软件，但在"7.5 单色调效果"及"7.6 多色调效果"两节中将介绍如何用InDesign实现图像调性统一的方法（也可参考"6.5 透明度"），让读者深切感受到InDesign的好用之处。

7.1 色彩初阶　　色彩基本可分为色相、亮度与饱和度。

7.1.1 色相

色相泛指颜色，如基本色红、黄、蓝，以及由基本色混合所衍生出的其他色彩。色相可以解释为色彩的相貌，也就是色彩的名称。例如，三原色，包括红色、黄色及蓝色；由三原色混合而产生的二次色，如橙色、绿色及紫色；以及由原色与二次色混合产生的红橙色、黄橙色、黄绿色、蓝绿色、蓝紫色、红紫色等6个三次色。这些颜色构成了最基本的十二色色相环。

十二色色相环是由瑞士表现主义画家，也是著名的包豪斯色彩学老师约翰·伊顿（Johannes Itten，1888—1967）提出的（图7-1的Ⓐ）。通过此图，可以快速了解色相的产生与基本组合。另外，日本色彩研究所发表的"PCCS色相环"是常用的二十四色色相环（图7-1的Ⓑ）。根据伊顿的色相环，穿过色相环圆心所相对的色彩称为互补色，互补色之间会形成很强烈的色彩对比效果（图7-1的Ⓒ）。伊顿提出了达到平衡感的互补色比例，分别如下：红色与绿色为1∶1，橙色与蓝色为4∶8，黄色与紫色为3∶9（图7-1的Ⓓ）。此外，伊顿也提出了色彩与形状的关系，形状与色彩可以相互关联（图7-1的Ⓔ）。

色彩是十分重要的排版设计元素，通过色彩应用可以明确地表达设计主题（图7-2）。了解色彩运用的概念及InDesign中与色彩相关的工具，就可以开始准备投入排版了。

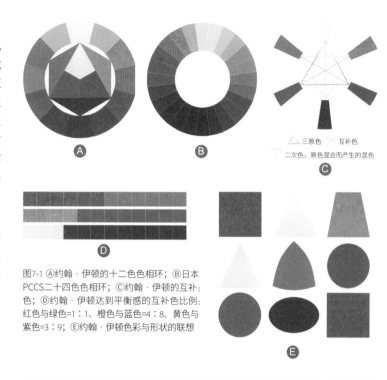

图7-1 Ⓐ约翰·伊顿的十二色色相环；Ⓑ日本PCCS二十四色色相环；Ⓒ约翰·伊顿的互补色；Ⓓ约翰·伊顿达到平衡感的互补色比例：红色与绿色=1∶1、橙色与蓝色=4∶8、黄色与紫色=3∶9；Ⓔ约翰·伊顿色彩与形状的联想

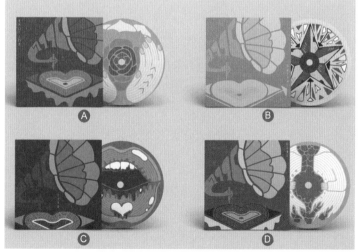

图7-2 利用色彩表现心情的作品。Ⓐ红色，主题：情绪；Ⓑ黄色，主题：梦幻；Ⓒ蓝色，主题：谎言；Ⓓ灰色，主题：灰暗（设计：李劲毅）

7.1.2 亮度

亮度是指色彩的明亮程度，从色相中的三原色红、黄、蓝分辨的话，黄色亮度最高，其次是红色，蓝色亮度最低。但颜色可通过加白色或加黑色来调整亮度，白色颜料加得越多，色彩亮度越高。反之，加黑色颜料，色彩的亮度会降低（图7-3）。

色相中的色彩本身就有亮度的差异，但亮度也是一种对比的关系。亮度高的色彩视觉感较亮，亮度低则视觉感较暗。亮度高的色彩容易从版面中突显出来，带有前进感，易于被注目。图7-4分别为黄底与紫底的背景，与中间的九宫格色彩搭配时，黄色的亮度最高，所以黄色背景突出。紫色背景是亮度较低的色彩，所以红色在黄色背景中显得较暗，在紫色背景中，反而因亮度高于紫色，变得醒目。

亮度高的对象容易成为版面的焦点。在图文编排中，亮度的差异可规划信息传达的顺序，从而引导阅读的层次。另外，亮度高的版面色彩给人愉悦的轻快感（图7-5）；反之，亮度低的版面色彩则让人有沉稳的安定感。

图 7-3 由左至右，由低亮度色彩渐渐转为高亮度色彩

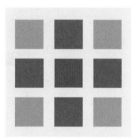

图 7-4 左：红色在黄色背景上相对变暗；右：红色在紫色背景上亮变高，版面带有前进感，非常聚焦

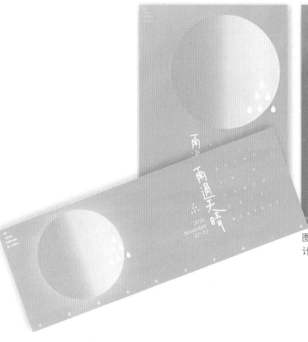

图 7-5 该系列海报运用亮度高的色彩，传达出刚下完雨、天气转晴前的氛围感（设计：李玟慧）

7.1.3 饱和度

饱和度也称纯度，是指色彩的纯度或饱和程度。不含有白色或黑色的色彩，称为"纯色"，色相环中的基本色彩都是饱和度最高的色彩。当色彩中加入了白色、黑色或其他颜色时，其饱和度便会降低。通过调整饱和度，可以让图文配置具有统一性，饱和度高的设计显得活泼、有生气，饱和度低的设计相对沉稳、成熟（图7-6）。

7.1.4 配色原则

01 ｜ 调和

调和是美的形式之一，也是最简单的配色方式。同色系相互搭配能产生最没有冲突性的调和效果（如冷色系配冷色系）。也可运用同一个色相进行亮度或饱和度的变化，产生的层次也很和谐。将性质相似的对象配置在一起，由于差异小，容易给人融洽的视觉感。调和的色彩也能传达稳定、平静的氛围（图7-7）。

色相的调和是指同色系配色或与邻近色系互相搭配。亮度的调和是选择亮度接近的色彩互相搭配。饱和度的调和则以加入等量的白或黑的色彩互相搭配。

图 7-6 上：饱和度低的封面色彩给人沉静与稳重的感觉；下：内页左侧选用高亮度对比的配色，圆形的图片变成主角，而右页则运用低饱和度对比的配色，让圆形的图变成背景（设计：李劲毅）

图 7-7 此为海洋文学专刊，采用不同饱和度的蓝绿色色块，形成调和的渐变效果（设计：曾玄瀚）

02 | 对比

对比也是美的形式原则之一，通过色相、亮度或饱和度产生对比，是较强烈的配色方法。在24色色相环中，相距135°或相隔8个数位的色彩均属对比色，色相环中彼此相隔12个数位，或相距180°的两个色相的互补色也属于对比色。正如伊顿所说，色彩是相对的，对比关系是通过两个以上的颜色互相产生的对应关系，如冷暖度、色相、亮度、饱和度皆可产生对比。

001 | 冷暖对比

最强烈的冷暖对比为红橙色与蓝绿色。但冷暖与色彩没有绝对关系，偏红的紫色就比偏蓝的紫色感觉暖和。暖色系的黄色与带红色的橙色相比，就显得寒冷一些。善用冷暖对比可让画面配色更加有层次感（图7-8）。

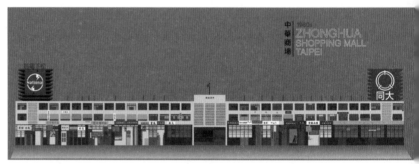

图7-8 此为20世纪80年代中华商场的海报，背景用了较鲜艳的暖橘色，反而让红色的招牌变得暗沉，整个构图也运用了冷暖对比来区分背景与建筑（设计：潘怡妏）

002 | 色相对比

当互补色并列时，会产生最强烈的对比，分别是：黄色配紫色；橙色配蓝色；红色配绿色。蓝色与橙色为对比色，使得蓝配橙成为最跳跃的色彩，而红配蓝的对比则比橙配蓝弱些。图7-9是一款用邻近色取代对比色配色的名片设计，使用白色背景作为衬托，配色和谐且利落、醒目。

图7-9 红与蓝在色相环中是较邻近的色彩，色相的对比不如红配绿强烈，反而让视觉上更舒适与和谐（设计：丁慧伦）

003 │ 亮度对比

黄色虽是色相环上亮度最高的色彩，但白色才是所有色彩中亮度最高的；而无反光、质感像丝绒般的黑色亮度则最低。亮度对比可借由添加白色或黑色进行调整（图7-10）。亮度的对比也不限于纯色，图像也同样具有亮度对比的视觉效果。

004 │ 饱和度对比

饱和度是指色彩的饱和程度，越是单纯的色彩，饱和度越高；经过混色的色彩会变混浊，饱和度降低。饱和度与亮度的对比，可应用于图文与背景的区分，高亮度与高饱和度的元素具有前进感，易被视为前景；反之，低亮度与低饱和度的元素会产生后退感，易被视为衬托前景的背景。

我们不妨试试看怎么玩转色彩。这里，我提取了达·芬奇的《蒙娜丽莎》、乔治·秀拉的《大碗岛的星期天下午》及安迪·沃霍尔的《玛丽莲·梦露》这3幅画作的色彩，并将它们应用于名片背景的设计。将名画抽象后反而可以体会色彩产生的感受，如文艺复兴时期的低饱和度、点描画的高亮度或波普艺术的高饱和度等。参考"7.3.3 主题色"，在InDesign的工具列选择颜色主题工具，吸取画中的色彩即可建立一套专属的色板。

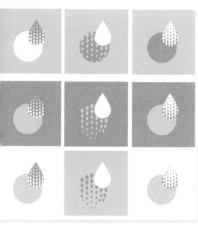

图 7-10 利用亮度对比进行对象前后的排列变化，亮度越高的对象越容易从画面中凸显出来（设计：李玟慧）

图 7-11 运用名画的配色制作出的名片（设计：楼滨豪）

7.2 颜色面板

点击InDesign菜单栏"窗口"→"颜色"，即出现四个与色彩相关的浮动面板：Adobe Color主题、色板、渐变及颜色（图7-12）。"Adobe Color主题"用于存取主题性颜色，可跨Adobe相关软件建立项目色彩系统（图7-13）（2021年以后的InDesign版本无此面板）。"色板"工具可自定义所需的印刷色彩或专色，也可通过这个面板载入其他InDesign文件已设定好的色板（请参考"7.3 色板面板"）。"渐变"工具又分成线性渐变及径向渐变，渐变色可储存于色板面板，渐变工具也能在工具箱中找到(请参考"7.4 渐变面板")。"颜色"工具则分成CMYK（图7-14的A）、RGB（图7-14的B）、Lab（图7-14的C）三种色彩模式。

图 7-12 "窗口"的菜单栏找到"颜色"

01 │ CMYK

CMYK指的是青色、洋红、黄色及黑色，是应用于印刷四色分色的色彩模式。与Lab及RGB相较，CMYK是色域最小的模式，因此色彩受限最多。CMYK色彩模式无法打印的色彩，也可从色板面板选择DIC 或PANTONE等厂商提供的专色，如荧光色或金属色，用色板标示给印刷厂。

02 │ RGB

RGB是指红色、绿色、蓝色通道的颜色，是运用于显示器的色彩模式，多媒体输出如eDM、eBook、在线杂志或网页等的素材，就须设定为RGB模式。

03 │ Lab

Lab模式所定义的色彩最多，它涵盖了多数肉眼可见的色彩（即包括RGB和CMYK色域中的所有颜色），是Photoshop中最适合用来调整细腻色彩的一种设定，可进行色彩复制或用于信息、资料的数字典藏。在使用Lab 色彩模式时，不论转成RGB还是CMYK，色彩皆保持一致，不会像RGB图像转为CMYK模式时色彩明显流失。但Lab色彩模式是无法输出的，所以书稿输出时请设为CMYK模式，数字输出时请设定为RGB模式。

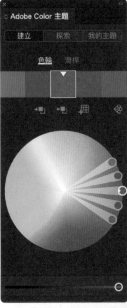

图 7-13 Adobe Color 主题面板

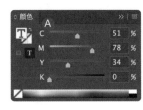

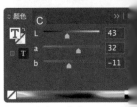

图 7-14 颜色可分为 CMYK、RG
及 Lab 三种模式

7.3 色板面板

色板面板是版面设计中最常用的色彩工具。可通过"窗口"→"颜色"→"色板"新增色板。

在色板选项中，可分成：Ⓐ勾选"以颜色值命名"自动命名色彩，若未勾选则可自己命名；Ⓑ色彩类型分印刷色、专色；Ⓒ色彩模式，除了RGB、CMYK、Lab色彩外，还有很多色板，如专色系统DIC Color Guide、FOCOLTONE、PANTONE、TOYO Color Finder等（图7-15）。

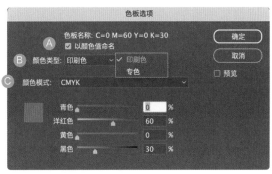

图 7-15 Ⓐ以颜色值命名；Ⓑ色彩类型可分为印刷色与专色；Ⓒ色彩模式，除常见的 Lab、CMYK、RGB 外，还有 DIC Color Guide 及 PANTONE 的各类型色板

图 7-16 左：色板面板上的图示；右：色板种类及其图示

图 7-17 选择载入色板读取其他 InDesign 文件的色板，这个操作可以让相关文件拥有同一套色板系统

色板于浮动面板呈现的几种选择如下："以颜色值命名"的CMYK色彩（图7-16的Ⓐ）、未勾选"以颜色值命名"的CMYK色彩（图7-16的Ⓑ）、Lab色板（图7-16的Ⓒ）、RGB色板（图7-16的Ⓓ）、PANTONE Coated 的专色色彩（图7-16的Ⓔ）、PANTONE Metallic Coated 的专色色彩（图7-16的Ⓕ）、渐变色色板（图7-16的Ⓖ）。

色板图示符号分别为：CMYK色彩图示（图7-16的①）、Lab色彩图示（图7-16的②）、RGB色彩图示（图7-16的③）、专色图示（图7-16的④）及印刷色图示（图7-16的⑤）。

排版是庞大而复杂的工作，很多时候文件的制作需要分工，色板的管理就像主页及样式设定一样需要制定模板，再将模板文档载入各个文件使用（图7-17）。色板通过"载入色板"将模板文件的色板系统载入，使编辑色彩同步化（请参考"11.2同步书籍"）。即使不是为了进行分工编辑，建立一套个人专属色板，能跨文件载入色板系统，也是设计师必备的工具。

7.3.1 全局色

Illustrator的色彩设定分为全局色与非全局色，全局色须自行设定。但InDesign的所有色板都自动设定为全局色。全局色是指色彩和对象自动产生联动，即使在未选取对象的情况下，一旦色板颜色做了变动，整个文件就会自动更新所有套用全局色板的对象颜色，无须逐一选取进行修改，这对庞大且复杂的排版工作来说是相当重要的设计。

另外，可以在颜色面板调整全局色的饱和度，调整过饱和度的色彩又可增加至色板面板成为新的颜色（图7-18）。当调整饱和度后的全局色色彩置于其他色彩前时，色彩并不会产生透明度或正片叠底的效果，它的概念如同往颜色里加白色颜料，让颜色变浅而不是变透明。图7-19 的Ⓐ是将全局色饱和度调为51%（不透明色）的色彩；Ⓑ是将非全局色调整透明度至51%的色彩（透明色）。虽然两者看起来色调接近，但Ⓑ与背景重叠的透明度会产生正片叠底的问题。

图 7-18 可在颜色面板中调整全局色色板颜色的 T 的百分比，再将其新增为新的色板

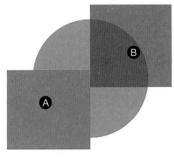

图 7-19 可以调整全局色的颜色饱和度：Ⓐ是饱和度设为 51% 的全局色叠色效果，它的概念如同在原色中加入白色颜料的混色，并不是有透明感的透明色彩；Ⓑ是将非全局色调整为 51% 的透明颜色

7.3.2 专色

专色是特殊油墨的单独印版，通常金、银、荧光为常用专色，因专色无法被CMYK四色分析，所以与印刷图案不会产生混淆。印刷时，专色须额外单独制作色版，会增加印刷成本。在InDesign文件中，常将特殊色用不同图层分开制作，并设定文件的辅助信息区为定义专色的地方，以图7-20书封的文件为例，将专色（银色）用任一专色（如桃红）定义，并放置印特殊银的图案于独立图层，若烫金或上亮膜，方法一样，请参考"3.1.3 页面工具介绍"。

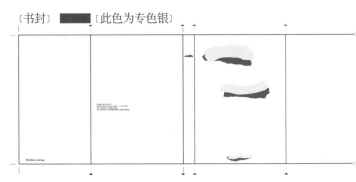

图 7-20 专色的图案文件都是单独制作的，只须在辅助信息区用任一颜色定义即可，如此书封就是用桃红色定义专色银色

7.3.3 主题色

主题色是InDesign中较新的颜色工具。于
工具箱选取主题色工具，只要用滴管吸取
对象或图像，即会自动产生一系列调和
的主题配色。然后，整套主题色可以新
增至色板，即会在色板面板出现彩色主
题的文件夹(图7-22)。主题色提供的配色，
非常适合用于系列作品的配色，可参考
"3.1.4 绘图工具介绍"及"7.1.4 配色原则"
的饱和度对比范例。

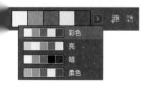

图7-21 主题色会自动从照片
吸取较协调的颜色组合，并
提供彩色、亮、暗及柔色等
几套配色（设计：曾玄瀚）

图 7-22 在工具箱中新增主题色，参考上述步骤即
可设定完成（设计：曾玄瀚）

7.4 渐变面板

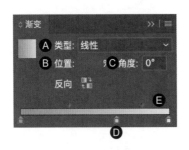

渐变工具分别位于工具箱及"窗口"→"颜色"→"渐变"浮动面板。InDesign 的渐变可从"类型"分成线性及径向（图 7-23 的Ⓐ），能直接套用在文字、线条及图形上。只要在所选对象上，用鼠标拖拽设定渐变的起始与结束位置即可。设定的渐变色也可拖拽到色板面板中进行储存。

在制作渐变色效果时，直接将色板的颜色拉至渐变面板控制板的方块（图 7-23 的Ⓓ），设定的点越多，渐变的色彩变化就越多；反之，若要简化渐变色彩，直接将方块拖出控制面板，即可删除。渐变面板的"位置"（图 7-23 的Ⓑ）选项用来设定渐变的中心点，通过控制条上方的菱形符号调整（图 7-23 的Ⓔ），若菱形置于两色中间，则产生均等的色彩渐变（图 7-24 的Ⓐ）；若靠近某一颜色，就形成快速递减的渐变色（图 7-24 的ⒸⒺ）。"角度"（图 7-23 的Ⓒ）只适用于线性渐变，预设值为 0°即为水平渐变，90°则为垂直渐变，改变角度可以让渐变以倾斜的方向变化。

范例一：渐变变化

若用强烈对比的色彩进行渐变，会产生夸张的波状效果（图 7-24 的ⒸⒺ）。若选择调和的色彩进行渐变变化，渐变的色彩波动则相对缓和（图 7-24 的ⒶⒷⒹ处）。

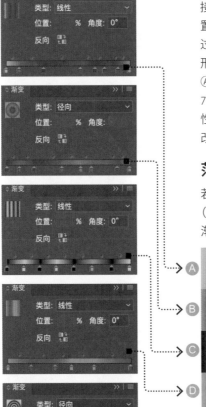

图 7-23 渐变面板

图 7-24 运用不同的渐变、对比色可展现不同的效果

范例二：给渐变色加入光感

运用不同的颜色展现渐变，但对象的反光不一定会套用同一色系，因为对象会反射周围的光线，使得渐变色彩变得更丰富。图 7-25、7-26 的Ⓐ行都是使用线性渐变制作的图像，将渐变套用于框架内，再结合光泽效果，产生较柔和的转角光泽（请参考"5.11 斜面、浮雕和光泽效果"）。Ⓑ行则是运用了径向渐变，渐变强度比较温和，因配色而异，有像大理石或彩色塑胶的质感，请参考图 7-25、图 7-26 提供的渐变色彩设定对话框。

图 7-25 可以比对线性渐变、径向渐变的效果，可参考数值比较

图 7-26 可以比对线性渐变、径向渐变的效果，若颜色比较柔和，应用于对象时材质的反光就较为柔和，会产生不同的质感效果，可参考数值比较

7.5 单色调效果

单色调效果与多色调效果，都是很利落的色彩表现方式，效果类似于将黑白照片冲洗成单色，是用来统一图像素材色调的好工具。本单元将介绍如何在InDesign中加工处理单色调照片。

在Photoshop中制作单色调图像，须先将"图像模式"转成"灰度"（图7-27的①），改为灰度后才可选择"双色调"（图7-27的②）进行设定。

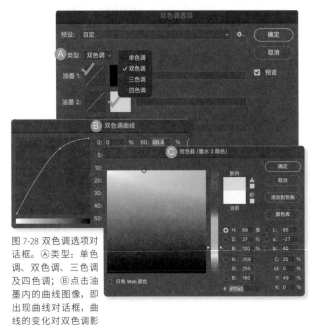

图 7-27 在 Photoshop 中选择"图像"→"模式"：①须先将图像改为灰度；②选择双色调后，在双色调选项中再选择类型，单色调隐藏在此选单中

图 7-28 双色调选项对话框。Ⓐ类型：单色调、双色调、三色调及四色调；Ⓑ点击油墨内的曲线图像，即出现曲线对话框，曲线的变化对双色调影响较大；Ⓒ点击油墨内的色板图像，即出现拾色器对话框

单色调主要用单一油墨套印整体图像，是重新混合色阶而产生的特殊图像效果。油墨若选择棕色、深蓝色或深绿色，图像会有复古怀旧的韵味，像是小时候照相馆将黑白照片做咖啡色冲洗的效果。若选择饱和度或亮度高的油墨，图像容易失去细节，会呈现漫画趣味的活泼风格。

双色调类型可分为单色调、双色调、三色调及四色调（图7-29的Ⓐ），油墨（图7-28的Ⓒ）除了可以设定颜色，也可调整色调曲线（图7-28的Ⓑ），若是色彩间的油墨曲线方向相同，色调就是重叠的（图7-29的Ⓐ）；若曲线弧度相反，则会产生油墨错置的色彩效果（图7-29的Ⓑ），以上都是在Photoshop中进行的操作。

其实，在InDesign中也可以用一个简单的方式处理单色调效果。在图像上加一个色彩图框，用"效果"工具中的滤色、颜色减淡或变亮效果，就可产生类似单色调的图像。选择正片叠底、叠加、柔光等（重叠）效果，即可产生类似双色调的图像（请参考"6.5 透明度"）。

图 7-29 Ⓐ行没有改变色调曲线；Ⓑ行改变色调曲线产生与原图色调有明显差异的效果

范例一：杂志内页图片的单色调与双色调运用

在InDesign中也可做单色调效果。图
7-30是在《人人杂志》内页应用了单色
调与双色调的图像效果。于黑白照片
上加一个绿色图框，并将"效果"的"透
明度"设为滤色（图7-31的Ⓐ），图像
即变为绿色单色调效果。有时候，还
可运用多层透明度色块与黑白照片相
叠加，右图还有一层将棕色色块透明
度设定为滤镜，再加一层设定为正片
叠底加深颜色，即成为类似双色调的
图像（图7-31的Ⓑ）。

图7-30 加上不同的色框，就能展现单色调的图片效果

范例二：统一图像色调的技巧

相同或类似的海边图像，运用几个单色色块重叠，就可创造出更丰富的图像（图 7-32）。风格差异大的照片，可通过单色调处理，产生色彩、调性统一的系列画面。这套名片是使用单色调制作的图像作品（图 7-33）。

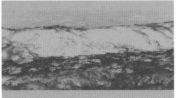

图 7-32 将不同深浅的色彩运用单色调效果，照片呈现出来的细节会产生有趣的变化

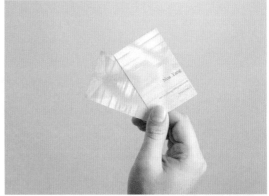

图 7-33 利用单色调将摄影作品制作成个人名片 （设计：杨鸿）

7.6 多色调效果

7.6.1 双色调风格

双色调、三色调或四色调都是单色调的延伸，是同时运用两种以上油墨时的混合色阶效果。双色调是将原本图像套用两种彩色油墨，破坏原有图像的色彩，重新混合色阶而产生的特殊效果。

在Photoshop内进行多色调设置的步骤，请参考"7.5 单色调效果"，先设定油墨，再调整色调曲线。多色调图像处理完毕，请将"图像"→"模式"改为印刷的CMYK 模式或屏幕输出的RGB模式，再存档为PSD、JPG或TIFF格式。调整成双色调、三色调及四色调的图像很有设计感，也可通过简化色彩让图像变得单纯，并统一色调。

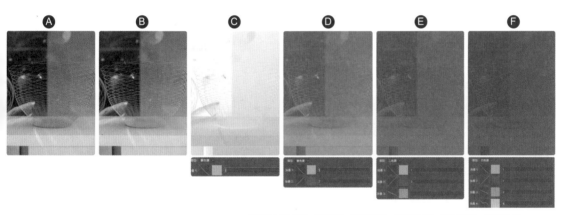

图 7-34 Ⓐ原图、Ⓑ灰度、Ⓒ单色调、Ⓓ双色调、Ⓔ三色调、Ⓕ四色调

范例：单色调处理效果

用 PSD 文件将图像分图层置入（请参考"6.6 图层应用"），于 InDesign 内以单色调处理图像，搭配底色及其他图文，可以组合出类似多色调感觉的杂志内页（图 7-35）。

图 7-35 杂志内页（设计：人人团队）

7.6.2 Risograph孔版印刷风格

时下正流行适合少量印制的Risograph（可简称RISO，孔版印刷），这是从日本引进的RISO数字快印机印制的一种技术，不管在欧美还是亚洲，都是受欢迎的数字印刷工艺之一。孔版印刷是一种单色叠印的印刷方式，概念上是一色一色套印堆叠印制，与传统绢印相似，只是换成由机器印制。制版时，以一色一版制作（须制作灰度模式的黑白图片文件），并分文件储存，印制几色就制作几个黑白文档。孔板印刷比较特别之处是油墨色彩，可选专色的金、银或荧光等色，这是喷墨打印机无法表现的效果（图7-36）。

孔版印刷的特殊视觉效果如下。

01｜错位：每印一色就可能产生位移，可利用这个叠色错位的特性，刻意设计出复古风格的印刷特性。

02｜混色：孔板印刷的油墨较具透色性，叠色后颜色会混色，混色印制的所有色该如何与其他色彩搭配都须事先规划。

03｜纸张特性：选择较粗糙的纸张会造成油墨不匀，这种自然的效果更带复古味道。

图 7-36 上：让学生更了解孔版的基本原理，安排 Retro JAM 到校，让学生体验"绢印"课程；左下：数位绢印制版机直接制版；右下：油墨印制成品

范例一：双色网印

Ⓐ为荧光红版的 PSD 文件，Ⓑ为蓝色版的 PSD 文件（图 7-37），运用 RISO 数字快印机印制，将绘画作品以双色网印的方式印制，刻意制作一些图像错位的趣味效果（图 7-37 的右图）。在 InDesign 中也可以做出这样的效果，请参考"7.5 单色调效果""7.6.1 双色调风格"及"6.6 图层应用"。

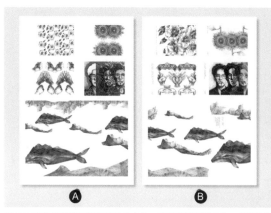

图 7-37 双色孔版印刷的灰度黑白文件。Ⓐ荧光红色版文件；Ⓑ蓝色版文件。右：双色孔版印刷产生的图像错位效果 （设计：李玟慧）

范例二：双色网印的邀请卡

图7-38中的"百日纪个展"邀请卡也是运用RISO数字快印机印制的。将绘画作品以双色网印的方式印制，利用两个黑白稿印制两种配色，分别为湖水绿搭配荧光红，以及金色搭配银色，印制而成（图7-39、图7-40）。

图 7-39 左：湖水绿黑白稿，右：荧光红黑白稿
（设计：李劲毅）

图 7-38 百日纪邀请卡成品 （设计：李劲毅）

图 7-40：另一版本的邀请卡，选择金色、银色油墨

第8讲
版面设定

市面上的书籍尺寸有千百种，有些是基于书籍内容，有些是基于想传达的概念，也有一些是为了营造良好的手感。除了常见的小说开本，也有展现摄影作品细节的大开本等特殊尺寸，在 "8.1 出版物规格" 中，翔实地收录了市面上各种书籍规格。

"8.2 文档设定" 介绍了多种跨页的设定；"8.3 版面元素——点、线、面构成" 传达了重要的美感准则；"8.4 版面结构" 则是排版的最佳秘籍，而 "8.5 版面韵律节奏——重复与对比" 是排版成熟的关键。

本章是编辑流程中最重要的一个环节，请好好上课，以在未来展现设计者的价值所在。

8.1 出版物规格

8.1.1 常用出版规格

以下整理了书店常见的出版物规格。现在出版物丰富多样，尺寸代表着独立的个性，不妨好好观察每一本书的样貌吧。

01 │ 大32开（14.8cm×21cm）

此开本因方便拿在手上阅读，或放入随身包包中，多半用在随手可读的心理励志类、小说类、商业类书籍中，有些出版社会刻意把书裁得再窄一些，这样的比例会使书籍更为秀气。（图8-1）

也会有一些文学作品是使用更小的小32开（13cm×19cm）尺寸，文字量不多，而且有种私密的感觉。但开本小的书籍放在书店中，会因为尺寸过小而被消费者忽略，因此必须要加强封面设计。

02 │ 小16开（17cm×23cm）

有些食谱、摄影类、计算机类书籍会采用此规格。因这类书图片比较多，跟32开比起来，小16开可以放入较多的图与文字，且照片也较好等比缩放。（图8-2）

图8-1 大32开的书籍（图片：悦知文化提供）

图8-2 小16开的书籍（图片：悦知文化提供）

❶ 大16开

❷ 小16开

❸ 大32开　　　❺ 64开

❹ 小32开

常用出版物尺寸

① 大16开：19cm×26cm

② 小16开：17cm×23cm

③ 大32开：14.8cm×21cm

④ 小32开：13cm×19cm

⑤ 64开：14.8cm×10.5cm

图 8-3 大 16 开的书籍（图片：悦知文化提供）

03 │ 大16开（19cm×26cm）

多数食谱类、摄影集及设计类等书籍会选择使用此开本，是为了让读者能看到图像的细节。（图8-3）

如果要放入多一些文字与作品，这个版面较宽大，也比较好排版。另外，也有做到A4纸大小的杂志专刊，设计的时候可以稍微注意一下。

04 │ 正方形开本（19cm×21cm、20cm×20cm、25cm×25cm）

此开本的书籍很适合摊放在桌上，方便读者阅读，因而有些食谱类、绘画教学书，甚至是摄影书会使用。另外，25cm×25cm是之前广受欢迎的涂色书最喜欢使用的尺寸。（图8-4）

特殊尺寸在平台上架时，都比较醒目，但这类书籍在装订费上会比较贵，需要剖半切，要以12页为一个印张来装订，会增加成本。

图 8-4 正方形开本的书籍
（图片：悦知文化提供）

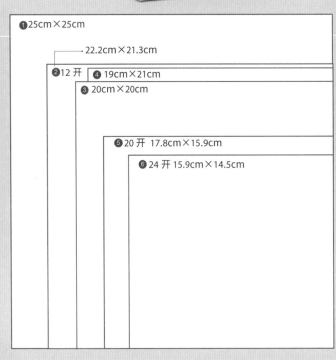

- ❶ 25cm×25cm
- 22.2cm×21.3cm
- ❷ 12 开　❹ 19cm×21cm
- ❸ 20cm×20cm
- ❺ 20 开　17.8cm×15.9cm
- ❻ 24 开　15.9cm×14.5cm

正方形开本出版物的尺寸

① 25cm×25cm

② 22.2cm×21.3cm

③ 20cm×20cm

④ 19cm×21cm

⑤ 17.8cm×15.9cm

⑥ 15.9cm×14.5cm

8.1.2 Mook及Zine

Mook 由 Magazine（杂志）与 Book（书）两个单词组合而成，其性质介于杂志与书之间，又称"杂志书"，也可音译为"慕客志"。可以想见此出版品的特色：图片多、信息多。适用于页数多、图片与文字都丰富的内容。这也是年轻设计师很喜欢的表现形式，可应用于专题刊物或是作品集。

Zine（小志）这个名称是 fanzine（爱好者杂志）的简称，是一种强调自由创作、手工制作、独立出版、少量印制发行的出版物形式。主题多元，无形式限制，例如，纯手工制作或一般复印机打印装订都可以。虽使用手工或简单的工具完成，但仍强调成品的精美。Zine 的设计充满热情，并注重交流。

范例一是参考了部分 Mook 及 Zine 常用尺寸制作的作品集，供大家参考。Mook 适用于制作图文多的作品集；若是小主题的话，建议以单册、页数少的 Zine 表现，然后可以集结小本 Zine 成套展现。

范例一：Zine也可以是作品集

这是一本小成本试读本尺寸的 Zine 作品集。内容以自传为主，依时间轴做 3 册。封面（200~250 克重纸张）与内页（150 克重纸张）选择单纯的模造纸，以黑白打印机印制。内页加入了实体信封，放入孔版印刷制作的插画小品，一套 Zine 形式的作品集就完成了（图 8-5）。

图 8-5 以 Zine 形式制作的作品集 （设计：李玟慧）

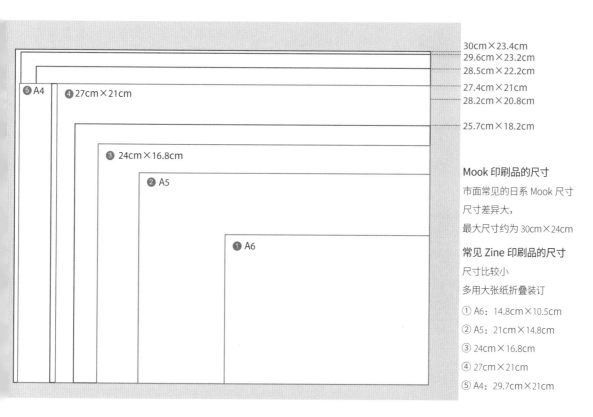

30cm×23.4cm
29.6cm×23.2cm
28.5cm×22.2cm
27.4cm×21cm
28.2cm×20.8cm

25.7cm×18.2cm

⑤ A4
④ 27cm×21cm
③ 24cm×16.8cm
② A5
① A6

Mook 印刷品的尺寸
市面常见的日系 Mook 尺寸
尺寸差异大，
最大尺寸约为 30cm×24cm

常见 Zine 印刷品的尺寸
尺寸比较小
多用大张纸折叠装订

① A6： 14.8cm×10.5cm

② A5： 21cm×14.8cm

③ 24cm×16.8cm

④ 27cm×21cm

⑤ A4： 29.7cm×21cm

8.2 文档设定

图8-6：上｜新建文档时，会有最近、已保存、打印、Web、移动设备等预设值可供选择。Ⓐ｜新建文档对话框的方向，设定页面的方向：纵向、横向。Ⓑ｜装订：从右到左、从左到右。

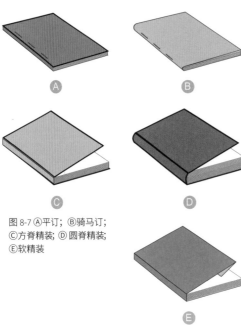

图 8-7 Ⓐ平订；Ⓑ骑马订；Ⓒ方脊精装；Ⓓ圆脊精装；Ⓔ软精装

8.2.1 新建文档

InDesign新建文档对话框有预设选项可供选择，分别为：最近使用项、已保存、打印、Web及移动设备等预设（图8-6）。在新建文档窗口则有宽度、高度、单位、方向（纵向/横向）（图8-6的Ⓐ）、装订（左翻/右翻）（图8-6的Ⓑ）、页面（单数）、对页（勾选就是跨页）及起始页码等选项，确认后点选"边距和分栏"按钮，将进入下一步设定。以下针对方向及装订进行说明。

01 ｜方向

纵向指的是高度大于宽度的版面尺寸；横向则是指宽度大于高度的版面尺寸。基本上，一个文件选择设定一种方向，但有些特殊尺寸的页面可用页面工具打破这个规则（如拉页），请参考"3.1.3 页面工具介绍"。

02 ｜装订

了解装订方式对设定页面的内外边距很有帮助，边距尺寸应按照装订方式调整。书籍较常用的装订方式有平订（图8-7的Ⓐ）、骑马订（图8-7的Ⓑ）、方脊精装（图8-7的Ⓒ）、圆脊精装（图8-7的Ⓓ）、软精装（图8-7的Ⓔ）。平订或骑马订适用于页数较少的文件，书脊较窄，不适合在书脊放置文字，通常直接将封面图案或色块延伸至封底设计。

精装书适用于页数较多的书籍，主要分为方脊精装及圆脊精装。书籍页数较多才能制作出书脊圆弧的效果。精装书的封面因用纸板裱贴的关系，裱贴的材质选择除了纸张外，也可以选择布或塑料纸等。

质量精致度比平装好且不像精装那么厚重的软精装也是出版社喜欢的装订方式，这种装订方式能兼顾质感与成本。其封面多选克数大的纸张直接印刷，再用亮面PP、雾面PP等工艺做防水的保护。软精装封面的勒口可放作者及内容简介，勒口的宽度至少达到封面宽度的2/3（请参考"3.1.3 页面工具介绍"）。

03 ｜ 文字书写方向

文字书写的方向也是影响装订的因素之一。左侧装订的左翻书（图8-8的Ⓐ），适用水平排版的文字。左翻书的起始页码通常设于右页，章节的起始建议从右页开始编码并结束于左页。右侧装订的右翻书（图8-8的Ⓑ），适用垂直排版的文字，右翻书的起始页码开始在左页，章节的起始建议从左页开始编码并结束于右页。有些日文杂志会综合垂直或水平文字于同一页面，因此，也有一些打破常规的页面编码案例。

图8-8 上：书的左页称Verso，右页称Retro。
Ⓐ书写方向：水平的文件，装订在左侧，文字书写及阅读从左至右，首页页码通常设定在右页；Ⓑ书写方向：垂直的文件，装订在右侧，文字书写方向从上至下，阅读从右至左，首页页码通常设定在左页

8.2.2 书封制作

在"3.1.3 页面工具介绍"中，介绍了利用页面工具制作书封的方法，本单元提供的书封设计方式是另一种业界较为常用的方式，使用Illustrator或InDesign制作均可，步骤相同。

首要任务是计算书封尺寸。将封面、书脊、封底及勒口相加，制作一个展开的书封尺寸，文件设定的宽度＝封面＋书脊＋封底＋2×勒口（前后），高度则设封面的高即可。

若以200mm×220mm的书为例，书脊10mm，勒口150mm（印刷厂建议勒口以封面宽度的2/3计算），制作书封的文件尺寸设定应为宽710mm [200+10+200+（2×150）]×高220mm，页数设定为单页即可。

计算书封宽度时，最难估算的是书脊宽度，通常可由印刷厂协助计算。书脊的计算与纸张克重、页数及装订方式有关，确定这些信息后方可进行计算。以下书脊公式由尚祐印刷洪先生提供：

书脊＝[纸张系数×（页数（一张两页）÷2）]÷1000（单位：厘米）

若纸张系数为15，全书页数128页，书脊应为[15×（128÷2）]÷1000＝0.96厘米。这个书脊的厚度是在设计封面时，须先计算的尺寸。实际书脊还需要额外加上两倍的封面纸张厚度才算完成。（图8-9）

图 8-9 书脊的厚度很重要，如果没有设置准确，会造成书脊上的书名产生偏移

8.2.3 建立多页跨页

新建文档的对页设定为同尺寸左右跨页，但有些书籍需要特殊的拉页设计（图8-10的Ⓐ），或有些印刷品会以多页的弹簧折或风琴折的方式呈现（图8-10的Ⓑ），这时就有建立多页跨页的必要。制作多页跨页常用的有两种方式。第一种与"8.2.2 书封制作"介绍的一样，先计算展开后的纸张尺寸再进行制作。页面尺寸以展开后的最大尺寸设定，折线的位置则通过绘制辅助线标示。但弹簧折在实际印刷或输出时，也有纸张输出尺寸的限制，可印制的范围约为100cm×70cm，所以当展开尺寸超出范围时，也必须分开输出，最后再黏合在一起。

第二种方式则是在原页面加入多页，有几个折页就新增几个页面作为跨页，这种方式的优点与文件页面一样，可通过移动页面来调整版面内容，也可弹性地删除或增加页面，让弹簧折的长度便于调整。弹簧折的页数建议设定为偶数，折合后的印刷品会有完整的封面及封底对称效果，让作品看起来更完整。若是自己用打印机制作这种弹簧折，可在A4尺寸内设定弹簧折跨页，但要注意保留一点黏合空间，方便黏合每个折页（图8-10的Ⓑ）。

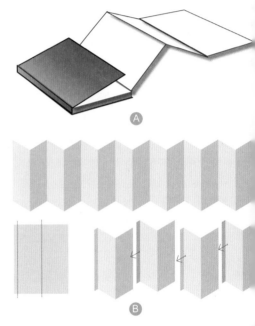

图 8-10 Ⓐ书籍内的特殊拉页，Ⓑ弹簧折或风琴折，文件都可以用多页跨页模式建立

范例：采用多页跨页的设计

这是一本针对两位珠宝设计师的采访小志，共分 3 个部分：一本书册，记录两人的共同信息，另外两部分则是尺寸较小的弹簧折，一位设计师一张拉页，最后再将这 3 个部分装订成册。针对两位设计师，分别选用了橘色及蓝色的弹簧折拉页，中间夹着的书册则以深绿色为主色调（图 8-11）。

图 8-11 左上：左半橘色拉页；左下：右半蓝色拉页；右：这本小志由橘色拉页及蓝色拉页结合一本小册装订而成 （设计：隅果）

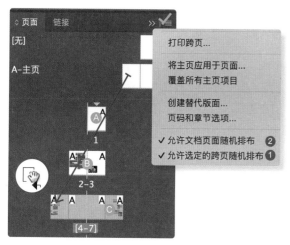

图 8-12 处理多页跨页

该如何实际操作多页跨页呢？新建跨页文件，起始页是单页（图8-12的Ⓐ），第二页才开始跨页（图8-12的Ⓑ），假设要制作的多页跨页是从第4页开始（图8-12的Ⓒ），步骤如下：

第1步 |

假设想将4~7页设定为连续跨页，请先选择未增加页面的跨页（原本的4~5页）。

第2步 |

按下页面浮动面板右上角的隐藏选项（图8-12绿色打钩处）将"允许选定的跨页随机排布"的选项关闭（图8-12的①），这个操作的目的是让4~5跨页不会因为增加页面而被拆散。

第3步 |

从主页再拖拽A主页板至4页、5 页中间，出现页面加手的图示才可以执行插入页面于跨页的操作（图8-12红色圈），插入成功后再反复以上拖拽的操作，可设置10页的多页跨页。

第4步 |

选取已设定完成的连续跨页（如4~7页），再回到页面浮动面板的隐藏选项中将"允许文档页面随机排布"关闭（图8-12的②），所设定的多页跨页即被锁定，不会因新增页面而移动。

其实，还有另一个更简单的建立多页跨页的方式，即直接于主页新增多页跨页的主版（图8-13的①），建立完成后，直接拖拽多页主版至页面面版，自动产生多页的页面（图8-13的②），便可开始进行编排，这个步骤详细示范请参考"3.1.3 页面工具介绍"。

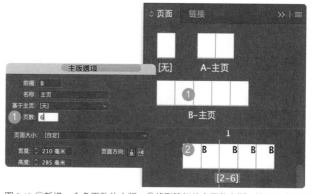

图 8-13 ①新增一个多页数的主版；②将刚建好的多页数主版，拉至下方页面即建立多页拉页的文件

8.3 版面元素——点、线、面构成

文字、图形（包含线条或块面的矢量图）及图像（点阵图）是排版的三大主要元素，其大小、颜色深浅（或明暗）、所配置的位置（构图），也就是版面点、线、面的视觉构成。当元素尺寸较小时，会被视为版面中"点"的构成。当元素小且排列接近甚至相互连接时，在视觉上就形成版面的"线"元素。当元素所占的版面较大或者将多数小的元素密集排列时，就如格式塔心理学主张的"接近法则"（近距离之物容易被视为一块），形成了版面"面"的元素。

通过字距、行距、间隔及一些标示，让版面呈现舒适的阅读顺序，不让读者困扰才是最重要的。

范例一：给人好感的点、线、面配置

什么是好的排版设计呢？就是在视觉上给人以好感的排版，应妥善配置点、线、面的组合，使得版面构成更为丰富、有趣。

如图8-14的版面，右上方被切割的文字因为尺寸小且零星配置（图8-14的Ⓐ），是"点"的元素；下方放大的数字，因被版面切割，已失去文字的特质，视觉上形成"线"的元素（图8-14的Ⓑ）；版面上分量最重的重叠的图像，相叠后成为最大面积的块面，那是版面中面积最大的"面"元素（图8-14的Ⓒ）。

版面上不论文字还是图片，只要呈现形式零星分散，那就是"点"，通过调整间距使之接近或重叠，就可将"点"的元素延伸为"线"或"面"。版面的注目率也会随着点、线、面的面积而改变，体量大、构图在版面中心的易被视为视觉焦点，利用"大小"形成点、线、面对比，这种层次感可让版面自然产生元素的阅读顺序。

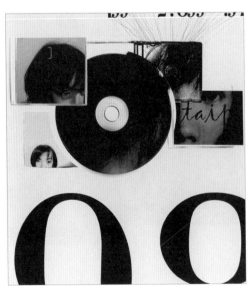
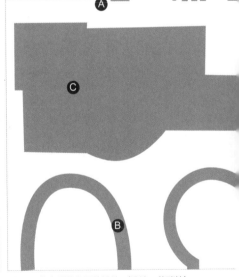

图8-14 将点延伸为面的设计（设计：黄瑞怡）

文字——须被读、被看、被听见、被感觉、被体验。
文字——不只是文字，而且是点、线、面的元素。

范例二：打破单调的线条设计

书名中的文字"Nine Pioneer in"选择以跳动文字进行排版，打破单调的线条，变成点的元素（图8-15的Ⓐ）。左下方的文字块与大标题Graphic Design 接近并排，有化零为整的效果，形成版面的面元素，这个面积最大的体量成为版面最注目的焦点（图8-15的Ⓑ）。版面上方与右边的两排细字形成线的特质（图8-15的Ⓒ），符合了点、线、面的构成原理。版面的重心虽集中在版面下半端，但右上为线占用了版面的2/3，在视觉上达到了构图平衡。

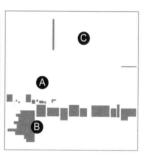

图 8-15 零碎的文字也能成为面的设计

范例三：聚与散的排列技巧

这是只能用单一字体、单一字号的排版练习，与我们习惯使用字号或字体区分大标题、小标题或内文的习惯很不相同。这时就更需通过元素的"聚"或"散"或位置，表达阅读顺序。例如，重要大标题可摆放在版面较中心的位置，或者用大量留白孤立衬托，但也可以与其他元素化零为整，聚集成大面让大标题成为视觉焦点。相对地，不重要的文字信息，则可排在版面较边缘处，甚至出血处以削弱强度。排版之所以好玩，就是每一种排版都注重元素的相对关系，聚与散都是排版游戏。（图8-16）

图 8-16 因为聚与散而让排版设计产生趣味

范例四：抠图与色块的运用

当版面需要多张照片组合时，构图可能会略显方正、呆板，抠图是一种好的处理方式，可让图像与背景有自然的融合感，也更容易与版面其他元素搭配（图8-17上）。另外，色块也是整合琐碎元素最好的方法，排版后若感觉版面松散，可利用色块衬底，将分散的元素集中（图8-17下），空洞的版面也可尝试加满版背景。这些都是调整版面的好方法。

图8-17 上：抠图可以增加画面融合感；下：加入色块可整合版面的琐碎元素

8.4 版面结构

版面结构是排版设计的基础，也是影响版面美感的关键。很多学生在练习排版设计时不太喜欢使用结构，总觉得结构的格子或栏位限制了排版的自由。其实不然，有了结构反而能更自由地玩转排版。

建议学生在学习版面设计时，先从分析具有美感的书籍或海报作品开始。好的排版大多建立于好的版面结构之上，结构是基础，然后从基础学习变化。版面结构对初步的排版非常有帮助，可用作图文基本配置，排列完成后再尝试用页面的"视图"→"叠印预览"模式将结构辅助线隐藏，再用视觉去判断及打破过去僵硬的结构。排版设计就是一种"在变化中求统一"及"在统一中求变化"的游戏。

在空白的文件上直接进行排版，看似自由，其实反而令人无所适从。接下来，本节将介绍四种最基本的构图结构：最简单的米字构图、垂直水平构图、加入斜线与圆弧的垂直水平、斜线构图和垂直水平、斜线、弧线构图。基础结构简单好用，相当适合入门者使用，即使有经验的美编、设计师，也需要掌握基本原则，待熟悉基本结构后，再慢慢尝试打破完全对称的构图或自制不规则版型，摸索出具有特色的版面结构。

在学习排版之前，
应先从分析好作品的版面结构开始。

笔者于1992年到1994年在美国攻读平面设计硕士时，最喜欢的设计风格是瑞士设计及新浪潮设计。20世纪40年代源自瑞士的瑞士设计，也称为国际主义，是20世纪平面设计最具影响力的一股潮流。由设计师约瑟夫·穆勒·布洛克曼和阿明·霍夫曼（Armin Hofmann）主导，风格简约，图像强调易读性，喜用无衬线字体以展现现代感文字，大多遵守网格结构，但整体构图喜欢以非对称处理。

而20世纪60年代的新浪潮设计则是一种跳出网格结构，爱将单字使用不同间距排列，喜欢玩字体粗细变化，更喜欢用非垂直水平而带有角度构图的排版，主要代表人物是沃夫根·魏纳特（Wolfgang Weingart）。此种设计于20世纪80年代，再由艾普瑞尔·格丽曼（April Greiman）等人结合麦金塔计算机的科技将其推广到美国，笔者在波士顿念硕士时很幸运，亲身学习过艾普瑞尔·格丽曼老师的专题课程。

瑞士设计是排版的重要基础，图像清楚、充满美感且具有清楚、严谨的结构；新浪潮设计受瑞士设计影响后再突破，看似打破结构，其实是需要具备结构的训练后，才会有释放与蜕变。在此分析的三张知名海报，从中可看出运用了弧形、直线及斜线的三种基础结构。（图8-18）

图8-18 这是尝试用自己喜欢的设计师海报进行的版面结构分析练习。海报分别为，左：贝多芬组曲海报，约瑟夫·穆勒·布洛克曼，1955；中：吉赛尔海报，阿明·霍夫曼，1959；右："减少噪声"海报，约瑟夫·穆勒·布洛克曼，1960。这张海报也呼应了我们本单元将要介绍的几种基础结构

8.4.1 米字构图

海报与其他印刷品最大的差别，是要在最短时间内获取最高的注目率。米字结构最适合用在海报设计中，所谓的"米"字就是连接版面四端的对角线，及版面中心的十字线，像是中文的"米"字（图8-19）。正常来说，眼睛最容易停留的位置是版面的中心，所以将重要元素（插图、图像、标题）置于最吸引目光的米字上，都可达到提高关注的效果，在构图上也更加稳定。

上、下、左、右均对称的居中排版是海报常用的版式，但这种完全对称的构图显得呆板。若打破十字居中的定律而改用以对角线为对称轴，就呼应了斜线产生动感的效果。本节范例是伴手礼中心的招商海报（图8-20），这张海报便是以对角线取代垂直水平十字线对称轴的设计，左上的文字（图8-20的Ⓐ）及右下的图案（图8-20的Ⓑ）以斜角对称排列。右上角的小标题（图8-20的Ⓒ）及左下角的大标题（图8-20的Ⓓ）也是以对角线为轴线进行对称排列的。X线为对称轴的构图，有不安定及流动感，比垂直水平十字轴构图更具强烈的视觉张力。

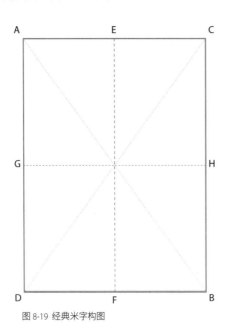

图 8-19 经典米字构图

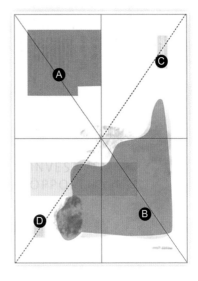

图 8-20 上：伴手礼中心的招商海报；下：海报的结构分析（设计：曾玄瀚）

8.4.2 垂直水平构图

以垂直与水平线所构成的结构也称为网格结构，是排版构图最基本、最好用的方式。网格结构可由等距的格子构成，或是由不等距的栏、行构成（图8-21）。在InDesign中，文件可用栏数及行数设定格子，设定后可以用手动的方式调整栏宽（菜单栏"视图"中的"网格和参考线"），也可以用创建参考线的方式进行设定（可参考"2.1.4版面设定及样式设定"）。网格结构不但是图文对齐的参考线，也可以变成色块或图像遮罩的辅助工具。（图8-22）

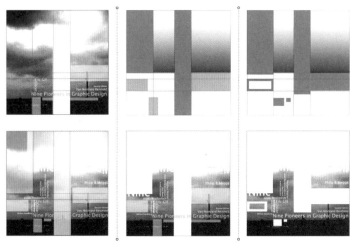

图 8-21 蓝色色块代表遮罩，淡蓝色色块则代表半透明遮罩，利用垂直水平的结构，把它当作遮罩也可以产生很多版面的变化

图 8-22 这三张探讨设计在线教学的海报，运用的就是最简单的格子结构，只要搭配抠图的图像，版面就不会显得呆板

8.4.3 垂直水平、斜线构图

这是垂直水平结构再加上斜线的版面构图的延伸（图8-23）。与米字结构的斜线一样，斜角让版面产生了流动性，若利用斜线排列文字或图片，除了能打破垂直水平的单调，还能增加版面的动态感。若想设计出多种有趣的版面构成，可试试垂直水平及斜线结构（图8-24）。

"顶楼加概"专题海报（图8-25）就是将垂直水平及斜线结构作为图片切割或遮罩的辅助，让版面活泼了许多。系列海报的排列还须注意并排时的视觉一致性。但要特别注意的是，版面结构用的斜线角度彼此间尽量垂直或平行，角度太多容易产生视觉冲突。斜线的运用不限于色块或图像，也可运用于文字的排版。

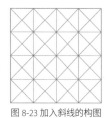

图 8-23 加入斜线的构图

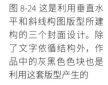

图 8-24 这是利用垂直水平和斜线构图版型所建构的三个封面设计。除了文字依循结构外，作品中的灰黑色色块也是利用这套版型产生的

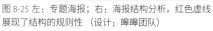

图 8-25 左：专题海报；右：海报结构分析，红色虚线展现了结构的规则性（设计：皞皞团队）

8.4.4 垂直水平、斜线及弧线构图

垂直水平、斜线及弧线构图是在网格结构上更进一步的变化，除了水平、垂直、斜角外，还加入了圆弧线作为辅助线（图8-26）。这个结构较为复杂，但形成的版面也相对更有趣。

斜线与弧线让版面有律动感，但律动的配置及协调性变得更加重要，否则版面容易显得零乱。其实，辅助线不单可用于规范文字排列、图片切割，还可以用于版面图案元素的创造（图8-27）。除此之外，版面结构也可以创造为"背景"。所谓的底图关系，底就是背景，背景的形也是版面美观的重要因素。下列书封练习就是运用弧线来构造丰富背景的设计，从中可以看到：运用结构切割出的不同深浅的灰度底图，再将文字根据"垂直水平、斜线及弧线"的结构排列，能创造出多变但仍具美感的版面（图8-28）。

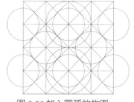

图 8-26 加入圆弧的构图

图 8-27 以纽扣工业链为主题的海报 （设计：潘怡妏）

图 8-28 运用弧线构图制作而成的书封

8.5 版面韵律节奏——重复与对比

文字与排版设计经典《版面设计：形式与传意》[*Typographic Design：Form and Communication*，罗伯·卡特（Rob Carter）] 提出了"ABA"形式，是版面编排的经典法则。简单解释一下"ABA"：出现两次的字母"A"代表设计的重复性，字母"B"代表设计的对比性。重复与对比是排版设计非常重要的设计法则：重复带来统一与协调，对比产生变化与律动。版面设计须通过统一与律动的交替应用才能完成。

"ABA"重复与对比形式适用于版面的任何元素，如图与图、图与文、文字与文字间的关系，也可应用于对象与背景的重复与对比。

重复对比关系也可以应用在下面几种形式中：体量、属性（如点、线、面元素属性或图片与文字属性）、间距（如文字的字距、行距与段距）、色彩（包含色相、饱和度及亮度）、表现形式（如字体运用、材质）等。接下来将逐一详细说明及举例这几种形式的重复与对比。

8.5.1 体量的重复对比

体量可以是体积、尺寸或视觉分量。在图8-29中，鱼头部的色块（也可换成图片）（Ⓐ）与鱼尾的文字段落（Ⓑ），形成体量相似的重复；中间分散的鱼刺造型的文字构成（Ⓒ），形成视觉重量小的区块，与鱼的头尾大区块形成面积的对比。

下图左侧文字段落（Ⓓ）与一大写M字母（Ⓔ）产生体量相似的重复；中间黑底反白文字框（Ⓕ）体量相对是小的，由此与左边段落及大写M产生体量的对比。

所以，当我们以体量为主要考量时，就不一定要以其他元素属性去做判断，体量、尺寸才是主要的观察对象。

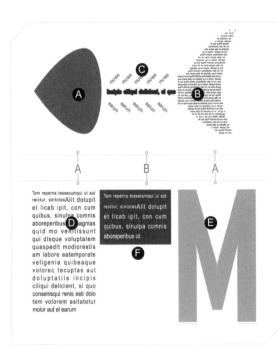

图 8-29 体量的重复对比

8.5.2 属性的重复对比

属性可以是图片属性或文字属性，甚至是几何形状的点、线、面的属性。图8-30中左侧的圆形黑白照片（Ⓐ）与右侧的几何形的组合（Ⓑ），形成同是"图"属性的重复；中间的文字段落（Ⓒ）与上述的两个图，形成"文"与"图"的属性对比。

下图左侧由18个点所构成的阵列（Ⓓ），与右侧几何图形组合（Ⓔ）也构成"面"属性的重复；形成对比的是中间的几行字（Ⓕ），那几行字因行距分散而产生了"线"的属性。

同样，当我们专注于属性的重复与对比时，其他形式就不做考量了。

8.5.3 间距的重复对比

间距包含字距、行距、段距、栏间距、空间距离。在图8-31中，左侧段落（Ⓐ）与右侧段落（Ⓑ）皆运用规律的行距及段落对齐设定，形成间距规则的重复；中间段落设定了不规则行距及段落对齐方式（Ⓒ），与左右规律的段落形成间距规则的对比。

下图的左边附照片的段落（Ⓓ）与右边上下错位的段落（Ⓔ）都设定为双栏位，形成距离的重复；中间段落则采用单一栏位编排（Ⓕ），这与左右段落形成了栏位间距的对比。

在版面构成中，间距是很有趣的元素，再简单的排版都可利用间距做出生动的版面。

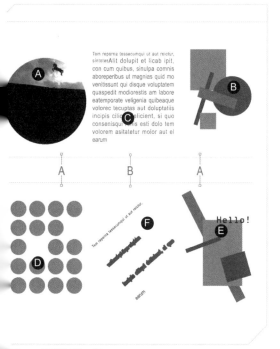

图 8-30 属性的重复对比

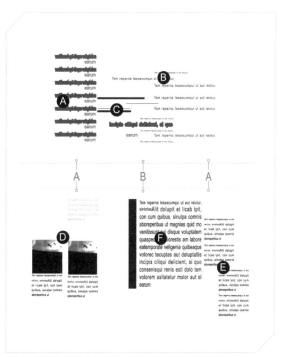

图 8-31 间距的重复对比

8.5.4 色彩的重复对比

色彩的参数包含色相（暖色、冷色）、饱和度及亮度。图8-32左侧蓝色文字段落（Ⓐ）与右侧绿点构成的曲面（Ⓑ）皆选用冷色系，因此产生色彩的重复；中间的圆形照片是偏暖色的桃红色调（Ⓒ），与左右区块产生色相的对比。

下图的左侧圆形图像（Ⓓ）与右侧方形照片（Ⓔ）皆为灰度黑白照片，产生无饱和度的重复；中间圆形镂空的彩色照片（Ⓕ）则与左右灰度照片形成饱和度的对比。

通过重复对比的原则，就能掌握色彩于版面设计中的应用。

8.5.5 表现形式的重复对比

表现形式包含字体运用及质感表现等。图8-33左侧"undo"（Ⓐ）与右侧"fall"（Ⓑ）两组文字，皆按照字义增加了质感的表现，产生质感形式的重复中间"SLIM"（图Ⓒ）用瘦长造型表达字义，与左右质感文字产生了表现形式的对比。

下图的左边段落（Ⓓ）与右边段落（Ⓔ）皆选用正体字；中间标题（Ⓕ）选择书写体，与左右内文段落产生了字体表现上的对比。页面排版并不是套用越多字体越好，字体的选择仍要掌握重复与对比的配置。通过重复与对比才能产生韵律。进行文件排版，更要通过字符及段落样式设定掌握版面的重复与对比，就是所谓在统一中求变化，在变化中求统一。

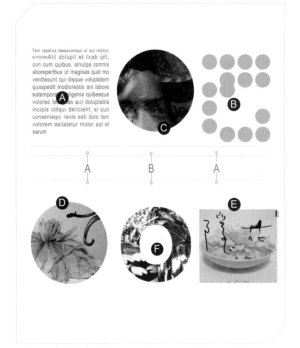

图 8-32 色彩的重复对比

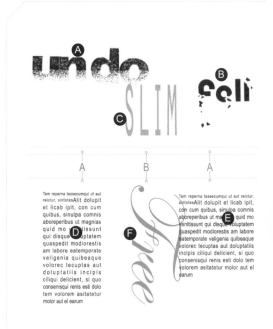

图 8-33 表现形式的重复对比

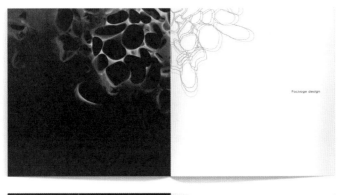

范例一：在重复中加入对比

数字作品集 *Niva Portfolio* 在章节页的设计上运用了重复与对比的概念。重复主要套用于版面结构，如章节页的左页配置的是设计者自己拍摄的满版摄影作品，右页的绘制的线条或图案都是从左侧图像延伸出来的意象，章节名称也落于右页相同的水平位置，这就是重复。（图8-34）

但图像的选择有垂直或水平线条、曲线等不同表现形式，所以这本作品集的对比是在图像的表现形式上的差异。对比可用来打破重复的单调。

图8-34 章节页虽套用统一的版型格式，但利用图案意象形成了表现形式上的对比（设计：胡芷宁）

范例二：对比的律动性

《人人杂志》是一本报道社会小众族群的学生创作季刊，内容多元。杂志尺寸设定为25cm×35cm。

该杂志运用了特殊的装帧形式及封面材料，并在排版上尝试了跳跃的视觉设计。但好的杂志或书籍排版仍须拥有结构（主页、样式），方能维持变化中带有规则的美感。

本单元的范例将呈现不同的排版对比性。例如，表现形式的对比（图8-35）：在印刷中加入实体素材；页面尺寸的对比（图8-36）：在内页中有小手册夹页；材质的对比（图8-37）：选用不同的纸张材质；跨页与多页跨页的对比（图8-38）：通过特殊拉页的设计打破垂直水平对齐结构而形成的对比（图8-39）。

图 8-35 《人人杂志》为了让读者体验真实照片的温度，于内页粘贴了描图纸口袋，放置事中的实体照片，产生印刷物与实体素材表现形式上的对比（设计：人人团队）

图 8-36 内页尺寸为 25cm×35cm，但在内页间安插一本小册子，形成了尺寸上的对比（设计：人人团队）

图 8-39 人人杂志内页的设计，用照片打乱了垂直水平网格对齐的规则形成对比（设计：人人团队）

图 8-37 将人的图像印制于描图纸上，内文的模造纸则印有手写的一封信，是纸张材质的对比

图 8-38 内页中延伸了可展开的多页拉页，形成一般跨页与多页拉页尺寸的对比

第9讲
样式设定

杂志、图书、专刊或电子书的排版工作往往需要团队分工，通过InDesign样式的规范，解决分工的问题。公司名称或企业团队的视觉系统（Visual Identity，简称VI），如标准字体、排版样式、公司表格等，也需要通过样式设定进行规范。因此，样式设定可以跨文件档套用，尤其是将多个文件集结成书籍时，样式设定也须再同步化统整。

选择"窗口"→"样式"，即出现所有样式的浮动面板，主要的样式有"9.1 字符样式""9.2 段落样式"和"9.3 对象样式"；其他如嵌套样式等，本讲将于"9.4 嵌套样式"中进行介绍。除以上样式外，复合字体虽不属于样式，但它套用于样式中，是最重要的字体设定。

庞大且复杂的编辑工作，如果利用样式设定，建立系统化流程，可大幅提升编辑效率。

01 ｜字符样式

字符样式主要用于设定字符，如字型、尺寸、平长变化（字符本身的垂直或水平缩放）、颜色、字距等。与段落样式相比，字符样式是较小的单位，所进行的设定只影响段落中的字符却不影响段落。比如，文字段落中只有一组字需要处理成反白效果，这时就使用字符样式进行反白设定，而非使用段落样式设定（请参考"9.1 字符样式"）。若要实现更复杂的文字变化，还可运用辅助样式（请参考"9.4 嵌套样式"），基本上是将字符样式及辅助样式内嵌至段落样式使用。（图9-1）

图 9-1 "字符样式"面板

02 ｜段落样式

段落样式除了涵盖字符设定，也包含段落设定，如缩进间距、定位点、段落线、首字下沉等字符与段落属性，是常用的样式设定（请参考"9.2 段落样式"）。段落样式是排版最重要的设计，通常样式会以标题、内文、图注、注解等名称命名，通过这些名称定义文字的大小、粗细与层次。（图9-2）

图 9-2 "段落样式"面板

03 ｜对象样式

对象样式可套用于文字、线条、形状、图框或图像等元素，每种对象样式也可同时定义不同效果，比如可以将颜色、投影、浮雕等效果设定在一起，然后在对象上点选对象样式，即可快速将所有效果直接套用（请参考"9.3 对象样式"）。（图9-3）

图 9-3 "对象样式"面板

04 ｜嵌套样式

嵌套样式是结合两种样式的一种组合设定，如在段落样式中加入字符样式为辅助样式，或将字符样式套用于表样式应用的一种组合模式。

9.1 字符样式

字符样式

常规
基本字符格式
高级字符格式
字符颜色
OpenType 功能
下划线选项
删除线选项
直排内横排设置
拼音位置和间距
拼音字体和大小
当拼音较正文长时调整
拼音颜色
着重号设置
着重号颜色
斜变体
导出标记
分行缩排设置

图 9-4 字符样式的多种选项

字符样式主要针对段落中局部文字属性的修改套用，可选项有：基本字符格式、高级字符格式、字符颜色、Open Type功能、下划线选项、删除线选项、直排内横排设置、拼音位置和间距、拼音字体和大小、当拼音较正文长时调整、拼音颜色、着重号设置、着重号颜色、斜变体、导出标记及分行缩排设置等。可于"文字"→"字符样式"或"窗口"→"样式"→"字符样式"开启浮动面板（图9-4）。

设定字符样式的方法有两种：一是直接通过字符样式对话框进行复杂的选项设定；二是在文件窗口内设定好色彩、字体或下划线的文字，选取后直接在字符样式浮动面板中选择"新增字符样式"即可。通过第二种方式，可以快速、直接地看到字符呈现的效果。这种设定方法也适用于段落、对象及表等样式。

较常用的字符样式设定如下所列。

01 │ **字符颜色**：可设定段落局部文字的反白或其他色彩。

02 │ **下划线选项**：运用下划线选项直接设定标题字添加下划线。

03 │ **直排内横排设置**：可让中文直排中的英文或数字改为内横排走向。

04 │ **着重号设置**：为日文或古文中单字的强调符号等。（可参考"4.1 文字初识"）

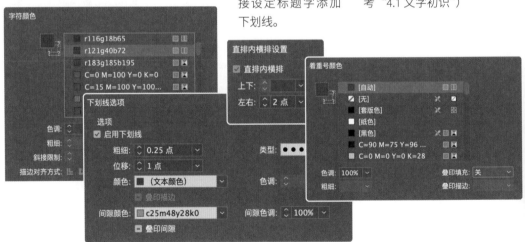

9.1.1 字符颜色

一个段落样式通常只能设定一个字符颜色，为了强调段落中的某些字符，或因版面底色太深需要某些字符反白，如图9-5的Ⓐ想用黑底反白强调语气，就须另外设定字符样式来辅助段落样式改变局部字符颜色。把黑底上的字改为反白字（图9-5的Ⓑ），字符颜色的设定步骤如下：新建字符样式，设定字符

颜色为白色，建议命名：反白字（图9-5的①）；选取内文段落样式中欲执行反白的文字（图9-5的②），在字符样式浮动面板点选"反白字"样式（图9-5的③），即完成反白字设定。

请掌握一个重要的概念：段落样式是设定整体性的文字段落，字符样式是针对局部字符的设定。

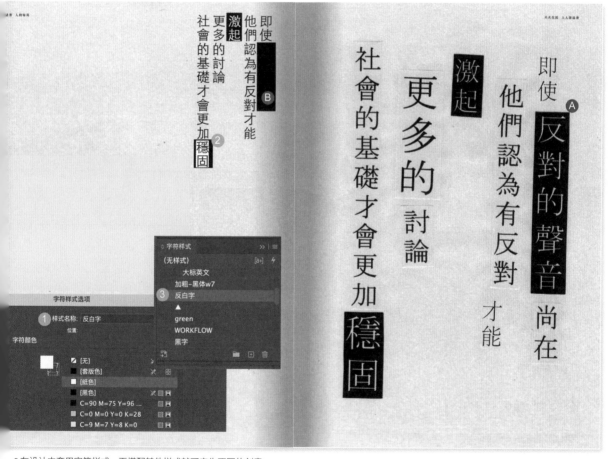

-5 在设计中套用字符样式，再搭配其他样式就可产生不同的创意

9.1.2 下划线选项

利用下划线选项可以直接在标题下设定下划线（不用钢笔工具绘制）。下划线跟线条一样，可以在类型、颜色及间隙颜色上进行更多的变化。下划线设定的步骤：①勾选"启用下划线"；②通过线条的"类型"，设定出较有趣的线条；③再利用"颜色"与"间隙颜色"产生两种配色的线条，可参考"4.1 文字初识"。

下划线设定也不局限在标题上，也可用于需要强调的内文。在字符样式中套用下划线的步骤：①选取所需套用的字符（图9-6的Ⓐ）；②点选字符样式浮动面板中的下划线选项（可自行设定命名），即完成套用。段落样式也可设定下划线选项，但与字符样式设定会产生不同的应用范围，在设定段落样式时，段落将全部套用下划线而非局部文字。

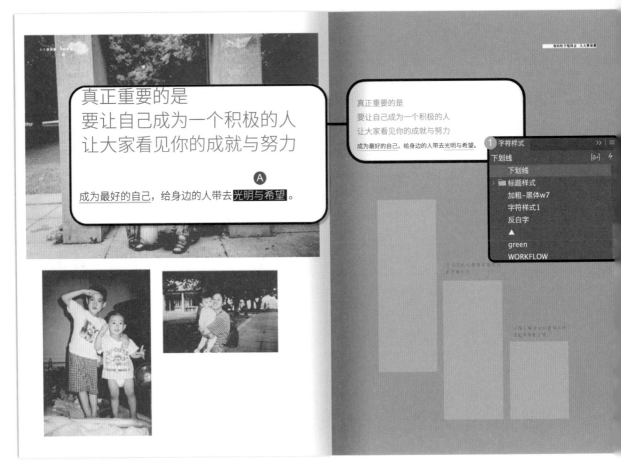

图 9-6 选取想要的字符，即可调整下划线选项 （设计：人人团队）

9.1.3 直排内横排设置

当内文采用直排时，文中的数字或英文字母并不会自动转向，使横摆的数字和外文不易阅读（图9-7的Ⓐ），这时就可以通过字符样式内的直排内横非进行调整。新增直排内横排样式时，①请勾选"直排内横排"（图9-7的Ⓑ）；②单独选择横摆的数字或英文，就可以将数字或英文调整成直排内横排（图9-7的Ⓒ）。但是，当横排的数字或英文字母为两个或两个以上字符时，就不建议做这样的修改，因为当数字超过字的宽度，就会弄乱行距。字符样式中的直排内横排设定，需要设计者自行判断并手动调整。

9-7 英文、数字需要直排时的调整（设计：人人团队）

9.1.4 引号的变更

引号的变更虽不是字符样式设定的项目，但这种针对少数字符改变的概念与字符样式相似，因而在此单元补充说明。引号的运用在不同的区域是有差异的，简体中文与西文使用的都如图9-8的Ⓐ，但有全角和半角的区别，繁体中文则用「」（上下引号）（图9-8的Ⓑ）。假设要将简体转换为繁体，全篇的修正就需要通过更便捷的方式，请选择"编辑"→"查找/更改"。

将简体中文引号（""）全部换为繁体中文引号（「」）的操作步骤如下：①打开"查找/更改"对话框（图9-8的①）；②设定"查找内容"为：""（图9-8的②）；③将"更改为"设定为：「（图9-8的③）；④选择"查找下一个"并逐一确认（图9-8的④）；⑤选择"全部更改"（图9-8的⑤），即可修改全文的引号。上下引号须分开设定，其他符号如需变更也可参照以上设定步骤。

图 9-8 通过"查找 / 更改"功能修改引号（设计：人人团队）

9.1.5 着重号

着重号用于强调特别的字句。教科书特别是古文教材中使用着重号较多，日文在强调引用文中的一部分时也会用着重号。

字符样式的着重号设定选项有：偏移（图9-9的Ⓐ）；大小（图9-9的Ⓑ）；位置：（上/右）直式文字、（下/左）横式文字（图9-9的Ⓒ）；对齐：左、居中（图9-9的Ⓓ）；垂直缩放（图9-9的Ⓔ），字符：芝麻点、鱼眼、圆点、牛眼、三角形、自定等（图9-9的Ⓕ），其中自定指的是可自行设定字体及直接输入字符符号（图9-9的Ⓖ）。

着重号颜色（图9-10）设定完成后，即可在字符样式浮动面板选择着重号的样式。

范例提供，如图9-11：①没有设定着重号的文字；②字符：黑色芝麻点；③着重号设定于右侧，字符：鱼眼，颜色：黄；④着重号设定于右侧，字符：牛眼，颜色：黄；⑤着重号设定于右侧，字符：黑色三角形，颜色：橘；⑥字符：自定（字体Arial、字符符号：*），颜色：蓝。以上不同设定的着重号，是不是让文字传达出了不同的重点呢？

图 9-9 着重号样式设定

图 9-10 着重号颜色设定

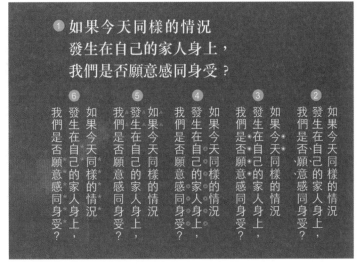

图 9-11 不同的着重号的颜色和样式设置，会产生不同的视觉效果（设计：人人团队）

9.2 段落样式

常规
基本字符格式
高级字符格式
缩进和间距
制表符
段落线
段落边框
段落底纹
保持选项
连字
字距调整
跨栏
首字下沉和嵌套样式
GREP 样式
项目符号和编号
字符颜色
OpenType 功能
下划线选项
删除线选项
自动直排内横排设置
直排内横排设置
拼音位置和间距
拼音字体和大小
当拼音较正文长时调整
拼音颜色
着重号设置
着重号颜色
斜变体
日文排版设置
网格设置
导出标记
分行缩排设置

图 9-12 段落样式设定项目

段落样式除了包含字符样式的大部分设定，还包含更多的段落关系设定。一个文件也许不会使用字符样式，但不论文件页数多少，段落样式的设定是必需的，因可以跨文件运用，所以公司、项目或个人皆可建立一套专属的段落样式，可大幅提升排版效率。

段落可设定的项目包括字体、大小、字距、行距、大小写、颜色、字符缩放比例、基线偏移以及段前与段后间距等。段落样式的设定，除上述项目外，还包含缩进和间距、定位点、段落底纹、保持选项、连字、跨栏、首字下沉和嵌套样式、项目符号和编号、自动直排内横排设置等（图9-12）。

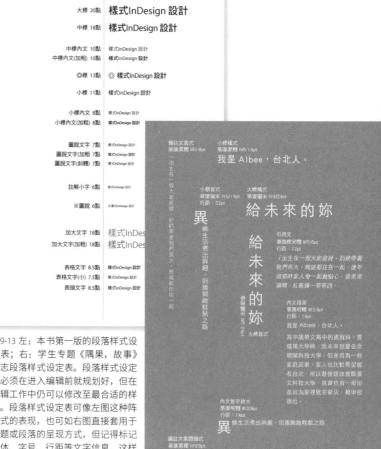

图9-13 左：本书第一版的段落样式设定表；右：学生专题《隅果，故事》杂志段落样式设定表。段落样式设定表必须在进入编辑前就规划好，但在编辑工作中仍可以修改至最合适的样式。段落样式设定表可像左图这种阵列式的表现，也可如右图直接套用于标题或段落的呈现方式，但记得标记字体、字号、行距等文字信息，这样即使在不同的电脑上或是不同设计师团队工作，也能维持同样的设定

9.2.1 段落样式规划与建立

在进行排版前，须建立段落样式设定表。通常会先用纸等比例将段落样式设定表打印出来，感受实际字体、字号、层次分配，作为判断样式搭配的规范。样式设定表可用表格形式制作，设定的层次分别为大标题、中标题、小标题、内文、图注、注释文字及表格文字等基本需求（图9-13左）。

也可以如《隅果，故事》所规划的段落样式表那样，将段落样式直接套用于文章标题或段落，这样的模拟更能让人感受整体版面段落层次搭配的效果（图9-13右）。段落样式设定表确认后，就可以在InDesign中进行段落样式的设定，设定完毕即可置入文字并套用段落样式。

9-14 《隅果，故事》杂志

范例：设定段落样式

《隅果，故事》是学生专题的杂志，专门采访刚刚进入社会追求梦想的女性。5个主题共分5册（图9-14）。段落样式设定表在印前作业前就完成设定了（图9-13右）。不论单册或多册，段落样式是团队分工排版时的重要设定，这样才能有效提升系统性的排版能力。

如何根据自定的段落样式设定表，直接快速地建立InDesign的段落样式呢？请参考以下步骤。

第1步：直接选取已经设定好的字体、字级或行距的文字段落（图9-15的①）。

第2步：开启段落样式的浮动面板并选择"新建段落样式"（图9-15的②）。

第3步：新建的基本样式（字体、大小、行距）已经自动设定完成，无须输入复杂的数字。

接着，请选择"基本字符格式"进行字距微调、大小写设定（图9-15的Ⓐ）。"缩进和间距"用于设定对齐方式、缩进、与前后段的间距等常用的设定（图9-15的Ⓑ），可参考"4.5 段落"。通过"字符颜色"调整字为黑色，90%~95%的黑字比100%黑显得更雅致（图9-15的Ⓒ）。

图9-15 ①选取段落样式设定表中已模拟字体的段落；②开启段落样式浮动面板的隐藏选项，新建段落样式；③新的段落样式基本设定已完成

接着请选择Ⓐ基本字符格式再进行字距微调等进阶设定；Ⓑ缩进和间距调整对齐方式或左右缩进、首行缩进与或与段前后间距等；Ⓒ字符颜色修改颜色及色调。这样就已完成大部分的段落样式设定了

第4步：按照以上步骤继续完成其他段落样式的设定，即准备套用至所有内文了。

版面的层次感是通过字体、字级及行距的变化而产生的。字体类型通常运用两至三种就已足够，建议至少选择一种较稳定的印刷字体，再搭配其他有个性的字体，请参考"8.5.5 表现形式的重复对比"，过多的

字体容易使得段落搭配困难；也可以多运用同字体系列（粗细、斜体）（请参考"4.1 文字初识"），再搭配颜色、字距及行距的变化来建构丰富、有趣的版面（图9-16）。在InDesign中，如果是英文，OpenType®、Type 1（也称为 PostScript）和TrueType字体的效果最好，有些建构不良的字体可能会使InDesign文件损毁或得到非预期的打印结果（可参考Adobe官方网站）。

203

图9-16 只选用 Lucida Sans Unicode系列的 字体，只要结合 行距及色彩，段 落看起来就十分 丰富有趣

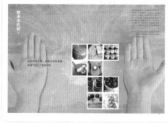

图9-17 仔细观察选用的字体变化为版面带来生动的律动

9.2.2 段落样式浮动面板菜单

在文件编辑中重新调整原本设定的段落样式时，正常来说，样式会自动更新。若未更新，请选取将要修改的段落后，直接选择"重新定义样式"（图9-18的Ⓐ），样式会被重新定义取代。

当段落样式名称后面出现"＋"（图9-18的B1），即代表目前选择的样式与之前套用的样式定义产生冲突，此时在段落选择状态下选取"清除优先选项"（图9-18的Ⓑ），加号就会消失。清除优先选项也可按Option键，再点选出现"＋"的段落样式名称，这样也可以放弃之前的定义。

"载入段样式"（图9-18的Ⓒ）是编辑文件和书籍很重要的功能，任何新建的InDesign文件都可以从已建好段落样式的InDesign模板中直接将设定载入新建文件中使用。以一本书为例，若已经建好章节一的段落样式，就可由模板文件载入样式到每个章节文件，直接载入所有设定就可以进行编辑工作了，所有样式、色板及主页都有跨文件载入的选项。

9.2.3 首字下沉和嵌套样式

首字下沉是设定段落的开端文字放大并跨行的排版效果，可选择新建段落样式，再选择"首字放大和嵌套样式"对话框（图9-19）进行设置。首字放大的"行数"指的是首字想要跨越的行数（图9-19的①）（行数若设为1是无效果的）。"字数"是设定想要跨行的首字数量（图9-19的②）。"字符样式"使得首字下沉也可套用已设定好的字符样式（图9-19的③），如反白字效果，套用后，首字不只会跨行放大还会改变颜色，更为醒目。图9-19的Ⓐ嵌套样式请参考"9.4 嵌套样式"说明。

图 9-19 段落样式中的首字下沉和嵌套样式的对话框，及嵌套样式菜单

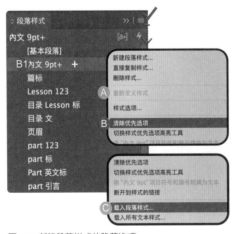

图 9-18 新建段落样式的隐藏选项

图9-20分别为3种首字下沉设定的结果。其中，①的设定是字数：1；行：2；无套用字符样式。②的设定是字符：3；行：2；套用黄字字元样式。③的设定为字符：2；行：3；套用黄字字元样式。首字下沉的效果好坏与首字选用的文字有关，倘若放大的首字笔画很少，感觉会比较不平衡（图9-21）；当段落行数太少设定跨行数较多时，段落排列会呈不整齐的锯齿状，这些都是不理想的效果。另外，放大的字数也要考虑字义，图中②的"因为小""即便现"字义不清，不如选择两个字"因为""即使"放大更好。

-20 比较各种首字下沉的编排效果

图 9-21 运用首字下沉的版面（设计：隅果）

9.2.4 缩进和间距

在处理稿件时，常常会按两次回车键拉大段落间距，也会通过空格作为段落首行缩进，或可能用Tab键处理左右两边的缩进。以上这些习惯并不建议在编辑InDesign文件时使用，不论是用回车还是用空格所建立的空间，都可能会因每个段落设定的字体大小而造成差异。在InDesign中，通过段落样式设定，可以快速、简单且精准地做好以上间距管理。

"左缩进"与"右缩进"是以整个段落为对象执行栏位缩减的效果（图9-22的Ⓐ）。"首行缩进"用于段落开头第一行的内缩（图9-22的Ⓑ），通常稿件处理的设定大约是留两个字符的空白，首行缩进用于较窄或简短的段落时，容易破坏段落的完整性，因此并非绝对必要，请参考"4.5 段落"。

"段前距"或"段后距"（图9-22的Ⓒ）即使用于字号不同的大标题、中标题或内文，运用样式设定，所输入的数据仍能保证间距的准确性。每种段落样式可以同时设定"段前距"及"段后距"，这与其他相连的段落行距会有相加的效果，如小标题的"段后距"设定为2mm，内文设定"段前距"为1mm，当两种样式排列在一起时，则有2+1=3mm的间距，但内文与内文间的段落距离仍是1mm。请记得基本的排版原则：段距须大于行距，视觉上段落才会分明；行距须大于字距，才会不影响阅读的顺序，请参考"4.3 字距""4.4 行距"及"4.5 段落"。

掌握段距大于行距、行距大于字距的基本原则。并运用段前距或段后距替代空格键调整行距。

图 9-22 段落样式中的缩进和间距对话框

图 9-23 Ⓐ左缩进；Ⓑ与前后段间距；Ⓒ栏间距（段距）大于行距

9.3 对象样式

"对象样式"浮动面板中的隐藏选项，包含新建、复制、删除、载入及编辑对象样式。建立对象样式的操作方式与字符、段落样式一样，最直接的方式就是选取已完成对象样式设定的对象、线条、填色及文字，再选择"新建对象样式"就自动储存完毕。当然，也可在"新建对象样式"的对话框逐项设定。

对象样式的主要选项在浮动面板下方也有相对应的图示。"新增对象样式"是建立新的对象样式（图9-24的Ⓐ）。"套用样式时清除优先选项"是目前选择格式与之前套用过的样式定义产生冲突，保留目前设定（图9-24的Ⓑ）。"清除没有由样式定义的属性"是清除忽略的属性（图9-24的Ⓒ）。"载入对象样式"是从模板档案载入已建好的对象样式，在多文件编辑时需要使用（图9-24的Ⓓ）。

对象样式可套用于文字、线条、填色及对象，设定选项包含基本属性和效果两大类（图9-25）。一个对象样式可同时设定数种效果，可快速套用于对象。基本属性常用的设定，如线条和转角选项，请参考"5.12角选项"；阴影，请参考"6.3投影"；文本绕排与其他，请参考"6.8 文本绕排"；框架符合，请参考"6.2 适合"等；应用于文字的设定，如段落样式，请参考"9.2 段落样式"；其他一般设定如填色、线条，请参考"5.2 线条工具"。（图9-26）

如将图片设定阴影、羽化、白边、转角选项、浮雕等效果，建议以效果命名，这样方便快速套用于文件的其他对象。

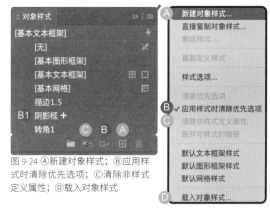

图 9-24 Ⓐ新建对象样式；Ⓑ应用样式时清除优先选项；Ⓒ清除非样式定义属性；Ⓓ载入对象样式

图 9-25 对象样式可分为基本属性与效果

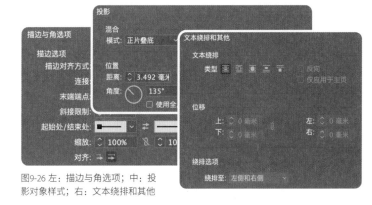

图9-26 左：描边与角选项；中：投影对象样式；右：文本绕排和其他

范例：将效果设定在对象样式上

图9-27的对象ⒶⒷⒸ图，都是用发光效果制作的霓虹灯管对象，请参考"5.10 发光效果"。对象Ⓓ是结合转角、斜面浮雕及光泽效果制作的画框，请参考"5.12 角选项"。首先，选取已做好效果的对象（图9-27的①），从对象样式隐藏菜单选择"新建对象样式"（图9-27的②），或直接点击浮动面板下方的新建对象样式图示（图9-27的②），直接以效果命名对象样式（图9-27的Ⓐ），即自动完成对象样式设定了。若想快速套用对象样式于其他对象时，只要点选欲套用样式对象，再点选样式名称（图9-27的Ⓐ）即完成设定。

图9-28的对象一（①）是由外方框及内圆框居中排列的两个对象。对象二（②）用路径查找器的排除重叠功能，将两对象合并为一个镂空对象，可参考"5.4 路径查找器"。分别套用对象样式：霓虹灰（图9-27的Ⓐ）、霓虹粉红（图9-27的Ⓑ）、霓虹蓝（图9-27的Ⓒ）、框一（图9-27的Ⓓ）。对象样式无法改变形状，但可改变颜色、线条、转角及效果。

对象一仍是两个对象，所以套用Ⓓ效果时，方与圆是分别套用Ⓓ对象样式的（图9-27的Ⓓ），套用后仍为两个对象。对象二因已合并为一个对象，在套用Ⓓ的对象样式后，就真的变成立体框了，请参考"5.12 角选项"。

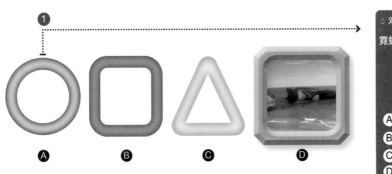

图 9-27 将效果设定在对象样式上

图 9-28 将对象一与对象二套用图 9-27 的 4 种对象样式效果，即可看出变化

9.4 嵌套样式

嵌套样式是将已设定的样式再套用于其他样式的一种组合，最常使用的是将字符样式套用于段落样式中，或是将字符样式套用于表样式中。

在"9.2.3 首字下沉和嵌套样式"介绍的段落样式中的"首字下沉和嵌套样式"对话框选项，就有新建嵌套式的设定，请见图9-29的Ⓐ。

选择"新建嵌套样式"（图9-30红钩），可设定的项目有：①"字符样式"可选要套入段落样式的字符样式（字符样式要先自行设定好）（图9-30的Ⓑ）；②嵌套样式的方式可选"包括"或"不包括"（图9-30的Ⓒ），选择"包括"将包括结束嵌套样式的字符，而选择"不包括"则只对此字符之前的那些字符设置格式；③输入套用嵌套样式数字：可选1~999间的数字（图9-30的Ⓓ）；④方式包括"字符""字母""数字""单词""句子"及"结束嵌套样式字符"等（图9-30的Ⓔ）。

字符：包括文字、数字编号及标记等。

字母：扣除标点符号、空格、数字及符号的字符。

数字：阿拉伯数字。

单词：连续字符，以空格判别单词的结束（如英文单字）。

句子：以句号、问号及感叹号判别句子的结束。

结束嵌套样式字符：以设定的"结束嵌套样式"的字符判别结束位置。

图 9-29 段落样式中的"首字下沉和嵌套样式"对话框

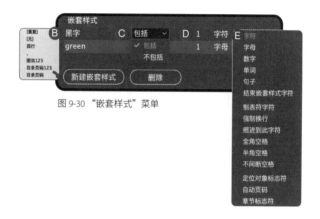

图 9-30 "嵌套样式"菜单

Ⓐ

Ⓑ

图 9-31 Ⓐ设定首字下沉和嵌套样式的段落；Ⓑ新建嵌套样式，将设定字符颜色的字符样式套用于首字下沉和嵌套样式的段落

范例：实际操作嵌套样式

以下段落是以段落样式"首字下沉和嵌套样式"进行设定，并套用字符样式（橘色字）作为嵌套样式制作的（图9-32）。Ⓐ使用终止嵌套样式方式："不包括"；数字: 5；方式：字符(图9-32的Ⓐ)。Ⓑ使用终止嵌套样式方式："包括"；数字:13；方式:字符(图9-32的Ⓑ)。Ⓒ使用终止嵌套样式方式："包括"；数字: 1；方式: 句子 (图9-32的Ⓒ)。Ⓓ使用终止嵌套样式方式："包括"；数字: 1；方式: 结束嵌套样式字符 (图9-32的Ⓓ)。

在中文中，设定字符、字母与单词没什么差别，套用至西文就比较明显。Ⓐ将嵌套样式设定套用在"字符"(图9-31的Ⓐ)，而Ⓑ将嵌套样式设定套用在"单词"(图9-31的Ⓑ)。

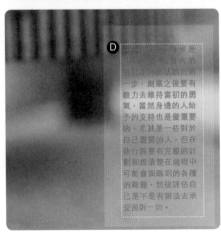

图 9-32 实际操作嵌套样式的排版效果

9.5 复合字体

一篇文本通常包含了汉字、外文、标点符号和数字等。在整篇文章中使用单一字体的字符，未必能呈现较佳的视觉效果，复合字体便是为解决这个问题而设计的功能。早期的中文字体华康比文鼎更受欢迎，多少与这两家中文字型搭配的罗马字体设计有关。

01 | 字体复合

在InDesign中，也可将不同字体组合成复合字体使用，以达到排版的最佳效果，这就是复合字体的基本概念。举例来说，中文选择思源宋体，英文可以不用其自带的英文而换成西文专属的衬线字体如Times、Georgia等进行复合。基本搭配原则是中英文可同样搭配衬线字体或非衬线字体，如中文的黑体，就可搭配英文非衬线字体Arial或Helvetica（可参考"4.1 文字初识"）。

02 | 字级复合

在相同字级的设定下，英文字型会比中文字型显小，基线位置也不相同。因此，可以通过复合字体功能调和视觉平衡。例如，使用思源宋体搭配经典欧文字体Adobe Garamond Pro，可以通过"复合字体编辑器"下方"样本"功能看出，罗马字级设定大小为100%（图9-33）和105%（图9-34）与中文字搭配时的差异，将Adobe Garamond Pro放大至105%视觉较平衡。当然，以上说明并非固定法则，只是复合字体常用的原则。

有时为了强调、凸显主题，在字体选用上也会选择中英文笔画产生对比的字体逆向操作。而某些中文字体在直排时，标点符号位置会偏下，亦可通过复合字体自动替换"标点符号"的设定或自定义某些符号修改。

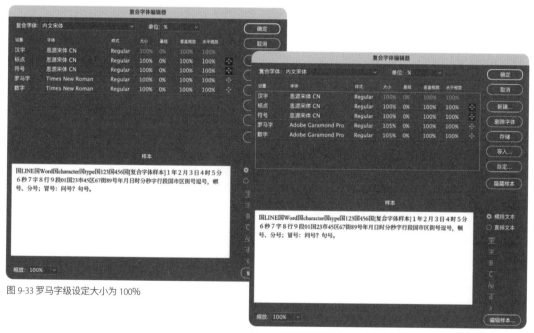

图 9-33 罗马字级设定大小为 100%

图 9-34 改善后将罗马字级设定大小为 105% 的复合字体效果

第10讲
主页设定

我们可以将主页想象为空间设计中的平面图，提供文字与图片排列的参考规范，"10.1 主页""10.2 页面浮动面板"提供主页设定说明。主页设定不仅提供版面结构，也用于设定页面中重复出现的元件，如"10.3 自动页码""10.4 页码和章节"。在主页中，有许多基本的设定需要在进入印前制作前先有所了解，这样才能把InDesign的强大编辑能力发挥出来，下面让我们一起跟着本讲认识InDesign的主页设定。

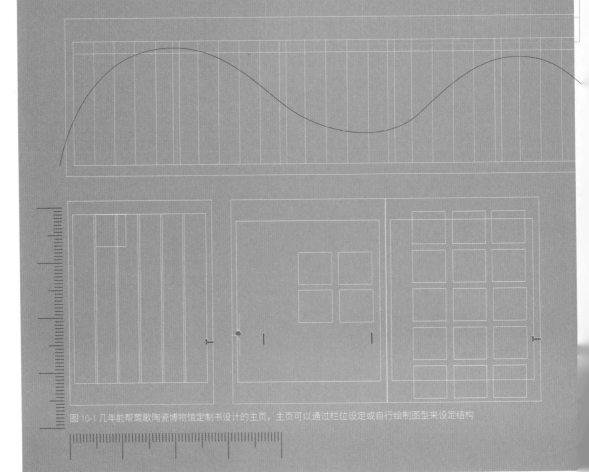

图 10-1 几年前帮莺歌陶瓷博物馆定制书设计的主页，主页可以通过栏位设定或自行绘制图型来设定结构

10.1 主页

主页可以提供编排结构，主要包含自动页码、重复元素（如底图、块面、线条及图像等）的设定。主页可规范版面编辑的准则，一个文件通常需要设定数个主页交互应用。变成模板的主页文件，可供其他 InDesign 文件载入再使用。主页版型可用栏位设定网格结构，也可以用绘图工具自行绘制较不对称的活泼版型（左页图 10-1）。杂志封面也会设计主页版型供每一期主题使用（图 10-2）。

图 10-2 这是为敦煌书局刊物 *What's Happening* 封面所设计的版型。我们通常会为创刊号设计主页，并将排版范例提供给厂商。厂商的美编就可以遵守我们提供的设计原则（主页、样式、色板），自行进行未来刊物的封面设计

01 | 边距和分栏、参考线

边距：设定上、下、内、外边距；分栏：设定栏数、栏间距；参考线：设定栏数与列数，请参考 "2.1.4 版面设定及样式设定"。

"文件"→"新建"→"文档"开启时，便会要求进行版面尺寸、文字走向、装订位置、边距和分栏位等设定。文件开启后仍可修改，请于"版面"菜单栏下选择"边距和分栏""标尺参考线"及"创建参考线"进行修改。

02 ｜页眉及页脚

页眉可设置书名、章节、次章节标题及线条图案等。页脚可包含页码、章节及线条图案。这些元素都可在主页进行设定。

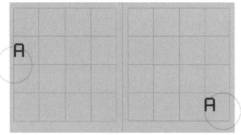

图10-3 运用强烈的色块表现的页码，被视为版面装饰的一种要素

June/ Brochure & AD

03 ｜ 自动页码

InDesign的自动页码除了应用于单
一文件外，也适用于新建书籍档案
时（多文件）的页面编码。另外，
本章后续也会介绍双页码的设定，
这些设定都可在主页进行。

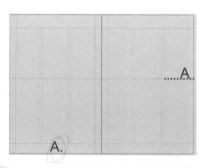

图 10-4 以照片为主的服装，可大胆运用页码进
行变化

June/ Brochure & AD

04 ｜编码与章节

基本的编码与章节可以通过不同的主页设定进行。本节也将介绍运用高级的章节标记进行设定，这些设定都在主页执行。

范例：主页能掌控统一与变化的版面

2017年的中国台北设计之都活动，笔者担任台北街角遇见设计的小超人工作坊策划人，这是最终整合小朋友设计思考的作品成果。笔者事先规划出三款小报版式（主页），让参与的孩子们自己准备排版的素材：亲自采访、拍摄照片、绘制图案，以及亲自撰写的标题、文案，利用已设定好的版型及段落样式，进行图文编辑。虽然他们是没有编辑经验的孩子，所提供的图文差异性也很大，但通过统一的版型与段落样式设定，仍可创造出统一又兼具变化的版面。（图10-5—图10-7）

图 10-5 版型Ⓐ虽然使用的图文素材不同，但仍可呈现许多编排的变化（设计助理：蟑螂团队 & 李玟慧）

图 10-6 ⑧版式设计样张（设计助理：蝲蝲团队与李玟慧）

Ⓒ

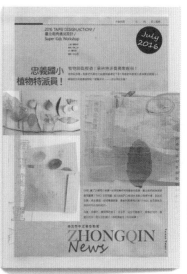

图 10-7 ⓒ版式设计样张（设计助理：蝲蝲团队与李玟慧）

10.2 页面浮动面板

页面

开启"窗口"→"页面"浮动面板（图10-8），页面浮动面板是编辑中使用率最高的工具，"新建主页"（图10-8的①）是常用的功能，可以在文件中可建立很多主版页，请参考"2.1.4 版面设定及样式设定"及"8.2.3 建立多页跨页"。

主页设定有单页、跨页或多页（10页）。单页主版可套用至文件页面的左页或右页，但跨页的左页主版只能套用至文件左页，右页主版就套用文件右页。跨页或多页的主版的左或右页可互相搭配，通过主版的互搭应用又可产生更多新主版的排列组合（图10-8的ⓒ）。"将主页应用于页面"（图10-8的②）是将主页设定套用至被选页面，这等同于直接在页面浮动面板将主页图示拉到页面图示套用（图10-9）。在"覆盖所有主页项目"（图10-8的③）中，套用主页的页面元素是锁定无法编辑的，因此该选项可解

开页面中主版锁定项目进行修改。

"在选区上允许主页项目优先"（图10-8的④）是指在主页中，选取"不能"被覆写的对象，取消"在选区上允许主页项目优先"即可预防覆写。

"页码和章节选项"（图10-8的⑤）可重新设定起始页码、编号及章节，请参考"10.4 页码和章节"。"载入主页"（图10-8的⑥）可从模板文件载入已设定好的主页文档，在新的文件中进行主页套用。

"面板选项"（图10-8的⑦）可以设定浮动面板的图像显示方式（图10-10）。"页面"浮动面板分两区（图10-8和图10-10），主页显示区（图10-8的Ⓐ）及页面显示区（图10-8的Ⓑ）。"面板选项"可调整主页与页面的上下排列位置、显示大小、勾选"显示缩略图"，就可在主页或页面面板呈现内容缩略图，方便浏览页面。

图10-10 Ⓐ主页页面显示大小；Ⓑ页面显示大小，建议勾选"显示缩略图"，则面板中的页面及主页图像会出现每页的内容。面版选项可以调整页面与主页置于浮动面板中的配置关系

图 10-9 直接从主页拉到到被选择页面即完成套用

图 10-8 页面浮动面板的常用选项

10.2.1 主页设定步骤

第1步 │ 边距和分栏

"版面"→"边距和分栏"(图10-11),边距的上、下、内、外尺寸不需对称,把强制的锁(图10-10的Ⓐ)解开,尺寸就能任意输入。

即使设定等距的上、下边距(图10-12的Ⓐ),版面仍会产生视觉重心偏移,有点上重下轻的感觉,所以若以视觉而非数字来调整,上边距可稍缩小些,版面会显得更平衡稳定(图10-12的Ⓑ)。

且排版可以灵活,上边距若刻意放大(如本书),除了使重心降低,留白还能使版面感觉轻松、不紧迫。妥善利用边距的差异,建立上下或左右不对称的主板,排版的趣味感会增加。

内边距靠近装订处,就是与跨页页面相接的那边。内边距若与外边距设定的一样,再与衔接的页面的内边距连接,就变成两倍边距的宽度(图10-12的Ⓒ)。虽然装订会扣除部分内边距,仍建议内边距设定依装订方式调整为外边距的1/2~2/3,这样跨页间才不会留白过大,页面结构才不会松散。外边距设定太小也易导致内文太接近页面边缘,不论印刷还是视觉考量,都不妥。

栏位也可以作为主页结构,可通过下个步骤"创建参考线"设置主版辅助线。

第2步 │ 创建参考线

选择"版面"→"创建参考线"(图10-13),参考线在"正常屏幕模式"(非预览状态)下才可显示,是用于工作流程的辅助工具。

参考线可设定行数(图10-13的①)、栏数(图10-13的②)及栏间距(图10-13的③)。"参考线适合"选项有两种,"边距"(图10-13的Ⓐ)是以扣除上、下、内、外边距后的范围进行均分,"页面"(图10-13的Ⓑ)是不扣除上、下、内、外边距,以页面为范围进行均分。若将行、栏的栏间距设定为0,就可制作正方形格子结构的主版。

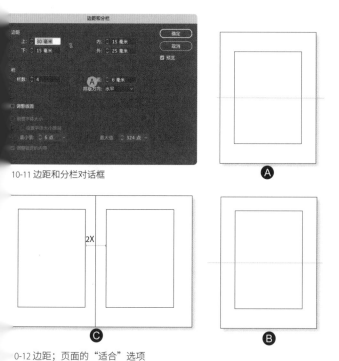

10-11 边距和分栏对话框

0-12 边距;页面的"适合"选项

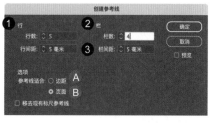

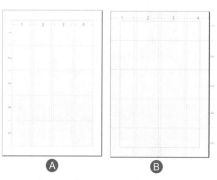

图 10-13 Ⓐ边距;Ⓑ页面的"适合"选项

范例: 使用边界和栏、参考线

参考线除了可通过"边距和分栏""创建参
考线"建立,也可以用贝塞尔曲线或线条
工具制作。皞皞团队制作的五本书,是记
录其团队在中国台北洲美里社区与居民互动
的故事日志。内页(图10-14)与封面(图10-
15)共享四个栏位的对称跨页的主页,版式
虽固定,但随着每页图文的变动,仍可设计
出丰富的版面变化,一点儿都不呆板哟!

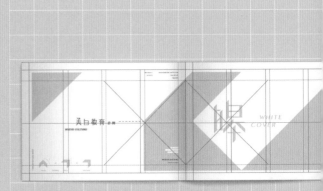

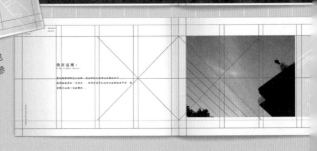

图10-14 除了运用创建参考线制作主版的基本栏位,也
用钢笔工具绘制了米字的斜线增加主页的变化,请参
考"8.4.3 垂直水平、斜线构图"

图10-15 五册书的封面分别与内页共享同一种主页版型

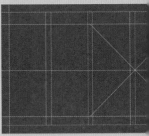

第3步｜设定天头与地脚

页眉是指版心之外的空白处（图10-16 绿色），可以排列简单文字的空间。上方的空白处可称为天头（图10-16的Ⓐ），天头大多设定书名、部、章、节标题等出版信息，也可搭配简单的线条、图案。下方空白处则称为地脚（图10-16的Ⓑ），地脚主要设定页码及线条、图案。

水平书写的左翻书，通常左页页眉放书名、右页页眉放章节名；垂直书写的右翻书则刚好相反，请参考"8.2 文档设定"。但也可对调或并排同页，这些设定主要是引导读者定位阅读位置，所以很重要。天头、地脚都在主版内设定。

天头、地脚可在版面上用非对称位置的变化。天头、地脚的元素也可呼应设计的风格、主题进行设计。

图10-16 灰：版心；绿：页眉；Ⓐ天头，Ⓑ地脚

图 10-17 这套书的左页书眉是主题等信息，因整套书以日志形式编排，所以右页书眉摆放的是手写的日期

第4步 | 设定视觉元素

将需要重复出现于页面的视觉元素，如几何图形、色块、线条、图像，甚至满版的底图等设定于主版中，避免满版底图压住页码等设定，请参考"10.2.2 图层于主页的运用"。此范例跨页为灰色底图，因重复出现于多数页面中，所以直接设定于主页（图 10-18）。

第5步 | 套用主页

选择文件页面后，就可以"将主页应用于页面"。若同时套用多个页面，可按 Shift 键选择连续页面，或按 Command /Ctrl 键选择跳页的多页页面。

图 10-18 若有重复性的色块、线条等，请在主页中设计

10.2.2 图层于主页的运用

主页主要设定如色块、线条、页码或底图等元素，在应用于页面时，主页元素都自动被设定于页面的最底层。编辑图文时若在套有主页的页面置入满版色块或图片，可能会覆盖主页设定的页码等（图10-19上），请参考"6.6.1 InDesign图层应用"。此时，图层在主页设定就变得十分实用，新增命名为主页项目的图层（图10-20的Ⓐ），选取设定好的主页项

目（除了满版底图），点击"编辑"→"复制"，"编辑"→"原位粘贴"于主页图层，确定主页图层在上（图10-20），即可避免主页对象被遮盖的问题。编辑其他文件时就不建议用图层了。内建的图层1就是我们所有编辑图文元素放置的主要图层（图10-20的Ⓑ），请参考"6.6.1 InDesign图层应用"。

图 10-19 上：满版底色把设定在主页的页码等对象覆盖；下：在主页另建一个图层命名为主页项目，并将此图层放置在原本内定图层之上

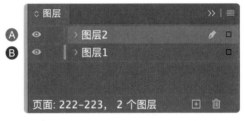

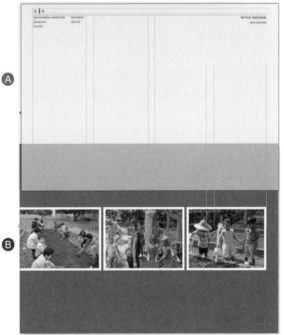

图 10-20 Ⓐ主页项目图层放置主页页码、书眉等项目；Ⓑ文件内建图层，是放置所有编辑图文的图层

10.2.3 主页的高级应用

在进行书籍或杂志编排时，因章节多，需要的变化也多，多种主页的设定是必要的。如早期手工完稿时代，出版社有很多印有淡蓝色格子的完稿纸，以满足不同版面需求，供编辑参考。数字出版的主页也是一样，须满足不同页面图文配置的需求。

图 10-21 Ⓐ父主页；Ⓑ由父主页衍生的其他子主页

主页有单页、跨页及多页等选择。单页主页不分左右页都可套用，但跨页主页就有左右页套用的限制了。跨页的右主页只能套用文件的右页，左主页也只能套用于文件的左页。所以，建议主页设计一个单页主页及至少一组跨页主页，当应用到文件时则可以有单页主页搭配跨页主页的单边组合。若设计出更多跨页主页，那组合变化就更丰富了。运用主页排列组合的概念，一个文件并不需要设定太多主页，也可做出许多变化。

需要注意的是，主页差异太大会导致整体风格不统一，因此，建议以主要主页（父主页），如MasterA与MasterB（图10-22的Ⓐ）为基础，新增子主页进

行局部元素的变化，如A1与B1（图10-22的Ⓑ），再衍生出平行子版架构的其他主页，如A2、A3、B2、B3（图10-22）。子主页仍受父主页控制，一旦父主页调整变动，子主页也产生联动。若要脱离父主页的联动，可使用覆写或分离主页项目，选择"覆盖所有主页项目"，就产生独立的子主页（图10-23红色虚线）。反之，若要再还原被覆写的主页页面，选择"删除

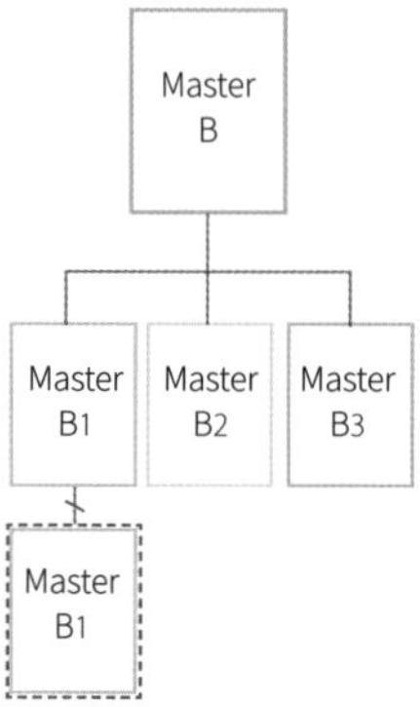

图10-23 画了红框的Mater B1因做了"覆盖所有主页项目"，覆写了MasterB主页项目，便成了独立的主页页面，不受原生主版B连动影响

所有页面优先选项"即可（图10-24的①）。需要永久性改变主页项目，则选择"分离所有来自主页的对象"（图10-24的②），页面与主页就实现了真正的分离，主页上的任何变动都不会对此页面进行更新。另外，为避免页码等重要元件被覆写而产生排版的混乱，选择"覆盖所有主页项目"（图10-24的Ⓐ），进入主页页面编辑，选择不想被覆写的重要元件，关闭"在选区上允许主页项目优先"（图10-24的③）即可。

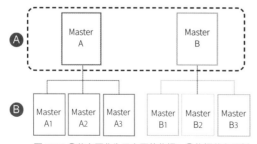

图 10-22 Ⓐ父主页作为子主页的依据；Ⓑ依据父主页新增的子主页

图 10-24 如果要还原被覆写的主页面板，有三种选项可以使用

10.3 自动页码

当文件或书籍的页面顺序发生变动时，在主页设定的自动页码会主动更新页码顺序。许多书籍或杂志都是由多个InDesign文件制作后再整合成一个整体的。即使每个文件的起始页码都设为第一页，集结成书时，InDesign也还是会自动按照汇入文件的顺序帮忙重新排序设定页码。即使已完成的书籍，仍可回原始文件进行页面增加、删除或顺序移动，书册的自动页码仍会按照重新调整的文件页面顺序，实时调整整合过的书籍文件的页码。这就是美编一定要用InDesign排版而非Illustrator（手动制作页码）非常重要的理由。

自动页码须设定在主页。在页面设定自动页码是无效的。设定步骤如下：①打开页面浮动面板的任一主页（图10-25的①），用工作窗口最下方的检查面板确认是否已进入主页页面（图0-25右），请参考"2.1.1 工作区介绍"；②选择文字工具，在主版页面建立文本框（如100页以上的书，需要预留可输入3个字符的字框宽度）（图10-26）；③在已建立的文本框中，选择"文字"→"插入特殊字符"→"标志符"→"当前页码"（图10-27），确认是否完成自动页码设定，可以通过检查主页内页码文本框出现的是否为主页名称的代号，如主页B就会出现"B"而非阿拉伯数字（图10-26红圈处）。最后，调整自动页码字框的位置、字体、字号、颜色等设定即完成。

水平文字走向的左翻书，单数页码起始于右页。反之，垂直文字走向的右翻书，单数页码都起始于左页，请参考"8.2 文档设定"。但书籍的推荐序、目录或前言等内容一般不会设定为书的第一页。起始页码通常从正文开始计算，这就需要运用"页码与章节选项"进行起始页的变更，请参考"10.4 页码和章节"。

图 10-25 左：页面浮动面板，选择主页区的图示，双击进入主页画面；右：如何确认是否在主版页面中？检查文件页面下方的检查面板，可确认

图 10-27 文本框中加入页码的选项步骤，"文字"→"插入特殊字符"→"标志符"→"当前页码"，快捷键方便操作

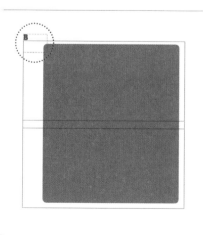

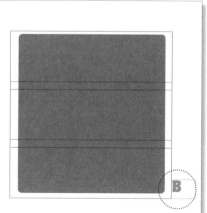

图 10-26 在主页中建立文本框，并选择菜单栏"文字"→"插入特殊字符"→"标志符""当前页码"，确认文本框内出现的是主页命名的代号而非数字，这样才算设定成功。接下来选择文本框内的自动页码（代号）调整字体、字号、颜色即可完成设定

10.3.1 双页码

自动页码会按页面位置判别计算，一般来说一页多以一个页码呈现。但将两个页码排于同一页的双页码也是设计师喜欢表现的手法。操作步骤：①左右主页都已建立自己独立的自动页码（图10-28的①）；②如果想将右页页码移左页，与左页页码并排时，将需要移动页面（右页）的页码文本框往左拉大并跨至左页页面（图10-28的②）；③将右页页码文本框的文字设定靠左对齐，与左页页码并排。关键的是，须将原右页页码文本框的中间节点留于原本页面（右页）（图10-28的③）。这样就完成了双页码设定。

图 10-28 双页码的设定，最重要的是将右页页码框的中心留在右页（③）　（设计：蟑螂团队）

10.4 页码和章节

一本书的大段落称为"章"，小段落称"节"，章节是书籍引导读者阅读的重要结构。大多数书籍的起始处都是版权页、序、目录等页面，为了与正文区别，页码会选用不同于内文的编码形式。常用的前段编码包括中文数字(图10-29的Ⓑ) 或罗马数字 (图10-29的Ⓒ)，内文则用方便辨识的阿拉伯数字(图10-29的Ⓐ) ——因为编码较多。

改变页面的起始页码，可选择菜单栏"版面"→"页码和章节选项"或页面浮动面板隐藏选项的"页码和章节选项"(图10-30)。

以改变书名页页码的设定为例，在页面选取第一页及第二页的书名页 (图10-31的Ⓐ)，直接在页码与章节选项内改选样式 (图10-29的③)，选择罗马数字编码 (图10-29的Ⓒ)。

以正文为例 (图10-31的Ⓑ) 从第三页开始选择阿拉伯数字编码，所以需要改变起始页编码，具体步骤：①点击页面浮动面板中的内页开端(第三页)；②在"新建章节"对话框勾选"开始新章节"(图10-29的①)；③设定"起始页码"输入1 (图10- 29的②)；④页码样式设定为阿拉伯数字 (图10-29的③)。

图 10-30 通过页面的控制面板的隐藏选单，点击页码和章节选项

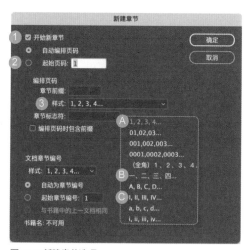

图 10-29 新建章节选项

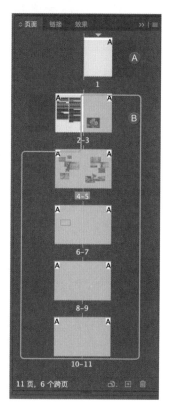

图10-31 页面1~2设定为书名页，以罗马数字编码，第三页开始是正文，设定起始页码为1，并选择阿拉伯数字为页码样式

10.4.1 章节标记

书的章节标记及书名常设于天头或地脚，请参考"10.2.1 主页设定步骤"第3步。章节标记设定在主页中，简单的做法是在主版中为每个章节设定固定的章节内容，然后套用至每章节的页面中。本章是通过灵活的"动态标题"进行章节标记的专业设定的示范。

01 │ 定义动态标题

"动态标题"设定章节标记，首先要先进行定义，选择菜单栏"文字"→"文本变量"→"定义"（图10-32，图10-33），步骤如下：①在"文本变量"对话框中选择"动态标题"；②选择"编辑"按钮；③命名变量名称（如章节设定为地脚的一部分，在此命名为书尾章节，便于自己辨识）；④在"类型"选择"动态标题（段落样式）"；⑤选择已在段落样式设定好的"样式"（本范例在章节的起始页运用"中标"样式来定义章节名称）；⑥在"使用"选择"页面上的第一个"，即是以页面中第一行设定中标样式的字为章节名称；⑦"此前的文本""此后的文本"用于设定章节标记的前后加入如"章"或"节"等文字，可参考图10-34的设计方式。

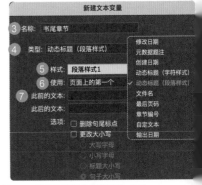

图 10-32 从文字变量的定义开始（一）　　图 10-33 从文字变量的定义开始（二）

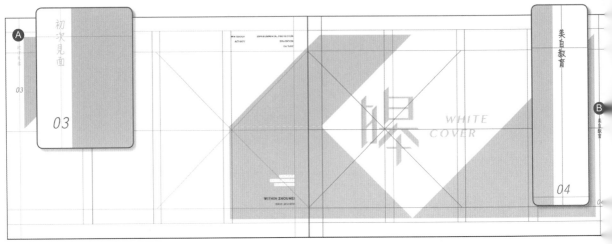

图 10-34 主页的章节设定：Ⓐ天头设定书名与页码，Ⓑ地脚设定章节与页码

02 ｜插入变量

待定义完动态表头后，进入已设有字框的主页进行插入变量的步骤，从"文字"→"文本变量"→"插入变量"（图10-35的Ⓑ）→选择刚已定义完成的变量"书尾章节"（这是自己定义的名称）（图10-33的③）。

步骤如图10-36所示：①选择页面浮动面板中的主页；②在主页中建立文本框，调整好章节的位置；③"插入变量"→"书尾章节"（图10-35的Ⓑ），在主版的字框中出现"书尾章节"的文字，设定才算成功。

最后，将已设"动态标题"的主页章节标记文本框（图10-36的③），通过"编辑"→"复制"然后再"编辑"→"原位粘贴"复制于每一个主版页面。InDesign会智能搜寻所有章节中设定为"中标题"段落样式的第一段文字，自动落版在不同的章节页面内（图10-37）。

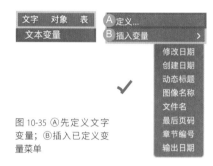

图 10-35 Ⓐ 先定义文字变量；Ⓑ 插入已定义变量菜单

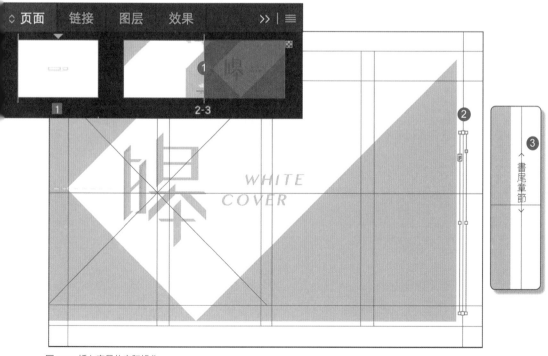

图 10-36 插入变量的实际操作

图 10-37 插入变量后的实际版面 （设计：皡皡团队）

第11讲
输出

InDesign输出格式的形式主要分为平面输出（印刷）及数字输出。

置入InDesign的图像无法如同Illustrator一样"嵌入"档案，在进行打包时，请先执行"11.1 印前检查与打包"，确保相关文件、图片及字体都完整集中于文件夹中。

最后，将所有原始文件都打包完成后，可进行"11.2 同步书籍"，以统一整合文档的主页、色彩、样式等。

11.1 印前检查与打包

本节进入印前的最后步骤：检查与打包。但执行 InDesign 封装前请务必执行"印前检查"。最方便取得"印前检查"信息的方法是查看工作窗口下方检查面板（图11-1），如果档案链接缺失、文字出现错误，则会出现红点及错误数量（图11-1的Ⓐ，图11-2）。选择"印前检查面板"（图11-1的Ⓑ）即可得到关于错误的详细信息（图11-3）。印前检查面板也可从"窗口"→"输出"→"印前检查"取得。

印前检查面板并无法修改错误，需要打开"窗口"→"链接"，通过链接面板重新链接遗失的图片，修改流排文字（图11-4）或字体遗失。若印前检查面板未显示错误，并不完全代表文件没问题，可通过"定义配置文件"（图11-1的Ⓒ）勾选更多检验项目，如"图像

与对象"，更可设定"图像分辨率"范围，检查画质不够的图片；或检查不正确的叠印或图片是否设定了CMYK等项目。

在确认"印前检查"和"链接"后，就可以开始"打包"了。打包对话框中较新的InDesign版本会自动执行"包括IDML"及"包括PDF"的储存（图11-5的Ⓑ），若是较旧的InDesign版本，则需要自行另作转存IDML及PDF的步骤。

打包的资料集如图11-6所示，包含：ⒶInDesignCS4及更新版本的idml档，提供较低InDesign版本开启使用；Ⓑ文件indd档；ⒸPDF档；ⒹFonts文件夹，搜集文件档中所使用的字体；ⒺLinks文件夹，包含文件中使用的图像。

图 11-1 文件工作区下方的检查面板：Ⓐ 出现的红点是告知文件链接、文字等错误讯息；Ⓑ印前检查版面可以找寻文件错误

图 11-4 溢流文本：段落中的文字未完整出现，会导致印刷不完整

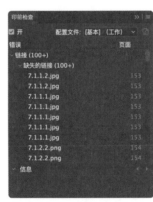

图 11-2 印前检查面版

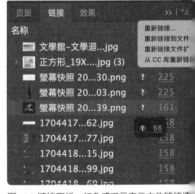

图 11-3 链接面板，红色感叹号表示文件链接遗失，黄色数字代表此图像所在的页面

图 11-5 新版本的 InDesign 可打包即包括 IDML 与 PDF 档的自动转存

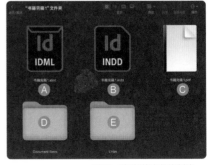

图 11-6 打包的文件资料夹

11.2 同步书籍

以《设计的品格》第一版为例，书的最开始包含了版权页、序、目录等页面，内文由十四个章节构成（图11-7）。美编在印前作业时，会为每个章节建一个文件档，方便分工及校稿的工作。

所有章节文件都完成后，使用"文件"→"新建"→"书籍"将文件档案集结成册。"书籍"是一个浮动面板（图11-8），不是"文件"工作档，执行步骤如下：①选择"书籍"面板的下方图示（＋）或由隐藏菜单的"添加文档"（图11-8的④），将文件档依顺序汇入书籍面板；②汇入的文件按照排列顺序自动重新编写连续页码（图11-8的Ⓐ），一旦文件页数或顺序有所调整，书籍的页码也会自动同步更新。

书籍浮动面板（图11-8）的工具包括①使用"样式源"同步样式与色板、②存储书籍、③打印书籍、④添加文档、⑤移去文档、⑥同步"书籍"。

书籍同步化是将所有文件档进行主页、色板、样式（字符样式、段落样式、对象样式、表样式）统一的功能，但须设定以何者为"书籍"同步的目标。进行书籍同步的步骤如下：①设定"样式来源"作为同步样式与色板的模板（图11-8的Ⓑ）；②选择同步"书籍"（图11-8的⑥），即完成书籍同步（图11-9）。书籍档案格式是indb档，是Adobe InDesign Book File的缩写（图11-10）。

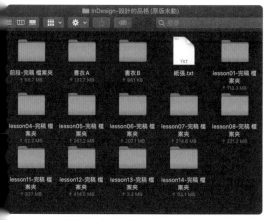

图 11-7《设计的品格》的完整档案，可分前段及十四个章节的资料夹

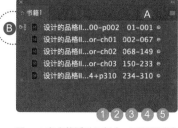

图 11-8 在书籍浮动面板中，可以通过隐藏菜单来同步书籍

图11-9 正在同步书籍的对话框

图 11-10 书籍 indb 的文件图示

04

编辑应用

The
Es
of
InDesign

通过"设计基础""视觉的创意""编辑整合"几章的训练后，
本章"编辑应用"终于要进入最后阶段——制作作品集。
为什么铺陈这么久，结果只选择完成一本作品集呢？二十几
年来，笔者协助了许多有升学或就业需求的设计专业学生，
辅导每个人探索属于他们自己的独一无二的作品集。作品集
必须依据个人专长，经过无数次讨论，耐心归纳，找寻风格
调性，并运用InDesign进行印前编排、输出、印制及装订。
整个过程至少需要半年至一年，还要反复修改，这样才可做
出符合期待的成品。因此，作品集是经过设计、思考及编辑
淬炼而成的，一点也不简单。
编写本章时还专门访问了两位在指导升学作品集方面很有经
验的教授。

第12讲
作品集制作

本章将通过"12.1 何谓作品集""12.2 作品集的形式""12.3 作品集的使用目的""12.4 作品集属性"仔细介绍作品集的精髓。随后再通过"12.5 作品集制作流程""12.6 设计规划阶段""12.7 作品分类归纳整合""12.8 作品修缮""12.9 图文配置""12.10 印前作业""12.11 印中制作及印后处理",循序渐进地对作品的整理、规划、版面设定、InDesign制作、校对、打样、印制、印后加工进行介绍。在从设计到制作的过程中,一定会面临成本与设计取舍的问题,唯有逐一解决并且克服,才能积累自己的设计经验。

在"12.12 作品集成果"中,笔者与六位喜好、专长、性格各异的学生,花费将近一年的时间记录,通过"在做中学(Learning by doing)"让读者参与他们几位的作品集诞生的过程。

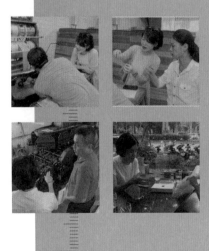

12.1 何谓作品集

二十八年前，笔者在美国波士顿念研究生时，曾观摩了大四学生参加校内举办的就业面试。平面设计专业的学生必须在大四这一年，完成八到十件成熟的实体作品，作品大多是纸质的书籍，最后所有作品都要收纳至作品箱中。

这些作品不一定是新的，可以是大一至大三时期的作业，从中挑选出能表现自己专长的作品再重新修改制作，当然也必须有一部分基于新主题的新项目作品。作品要求很高的完成度及精致度，必须呈现材质与色彩的真实度，体现自己的专业能力。

实体成品最后妥善收纳于专用的硬壳黑色手提箱内，作品不是散放的，要用全黑色的展板或发泡板做出放置作品的双层衬板（纸板还讲究到包括它的边都是全黑的），上层纸板还需要切割出方便收放作品的凹槽，为了保护作品，衬板的厚度必须大过作品的厚度，最后一层一层轻轻地堆叠放入作品箱。

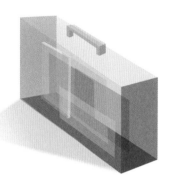

学期末，校方会邀请许多设计公司来学校为大四准毕业生进行面试。每位学生提着作品箱在设计师桌前排队，展示自己的作品时会戴白色棉手套，慎重地从手提箱取出作品，并将裱板一字排开，再逐一介绍作品的创作理念。这种"慎重"就代表了一种专业态度。

作品集是展现个人专业能力，并以系统整合作品的媒介。传统的作品集就是将所有作品放进一个手提箱中，整理裱装而成的。

图12-1 这是伦敦知名的文具美术用品店"Paperchase"，有纸张及作品集盒、作品袋的专区供消费者选购

图12-2 当时没有电脑排版，所有的文字与图片虽是手工剪贴完成，但仍讲究版面构成

图12-3《埃斯普利特：设计准则大全》，作者为道格拉斯·汤姆金森（Douglas Tompkins），于1989年出版

三十年前，我申请美国设计专业研究生时，作品审核要求提供一张可放20张作品的幻灯片夹（我想现在年轻人应该很少见到幻灯片了），我当初觉得幻灯片夹很单薄，感觉很难让审查委员了解我的能力，于是自制了一本与幻灯片夹相同尺寸的纸质作品集，然后把幻灯片装订在最后一页。在1990年，几乎还没有人用电脑绘图，平面设计完全以传统照相和打字、底片冲洗相纸、纯手工剪贴完稿。在这个过程中，我要画草图、规划作品集章节、制定版面格式与规格，并独自撰写设计理念等文案，一本带着幻灯片夹附件的作品集就这样诞生了（图12-2）。

没想到这本用心编辑且与众不同的作品集，让国外审核的教授印象深刻，他们在跨洋电话口试时，问我的第一个问题就是：请问你在业界工作了几年？因为看起来实务经验相当丰富！因此，第一次申请我就幸运地拿到了多家设计学校的入学许可，甚至还获得了奖学金。其实，我当时刚从大学毕业，而且我在学校也没学过平面排版。

我大学主修工艺，没学过平面设计，更别说作品集的相关课程了。当年制作作品集时，唯一的思考方向就是——"观看者希望得到什么信息？""作品要传达自己的什么能力？"幸好，有一本书启发了我，这本书就是《埃斯普利特：设计准则大全》（*Esprit. The Comprehensive Design Principle*）（图12-3）。该书是埃斯普利特品牌策略的设计书籍，章节的设置从企业哲学、识别系统、平面、包装、服装到空间层层递进，让阅读者从理念、2D到3D，循序渐进地了解品牌产品的思想。我这才发现，原来章节结构可让读者了解清晰的脉络，这也让我感受到章节架构的重要性。因此，我建议作品集要满足三个基本的需求：

①内容须表达出个人独特的思想、价值及专业能力
②图文编辑及章节架构，主要目的是传达准确讯息
③通过设计风格表现个人审美能力。

下面我们将作品集的分类依形式、目的及主题（专长）进行说明。

01 | 作品集分类

形式	目的	主题（专长）
实体作品集 数字作品集	学生作品集 专业作品集	平面设计作品集 插画作品集 数字媒体作品集 跨领域作品集

本节带领学生制作的六套作品集范例，按形式分，共有5套实体作品集、一份应海外学校要求制作的数字形式作品集（该生以这本作品集顺利赴英国学习）。作品集若依目的分类，主要可分学生作品集及专业作品集两类。若按主题（专长）分类，6套作品集皆以学生专长辅导，分别为电影、插画、绘画、摄影、平面设计等综合应用。6套作品集的主体也刻意邀请了不同年级的学生参与，分别为大三、大四学生，年级不同也可比较作品数量与成熟度的差异。本章是多元化考量的取样，以凸显作品集表现形式的多方面思考。

02 | 作品集的形式与目的设定

	作品集 1: 《An Chen 作品集》	作品集 2: 《想象 J》	作品集 3: 《简单/生活/心脏》	作品集 4: 《我的色彩日记》	作品集 5: 《孤单一人》	作品集 6: 《李劲毅作品集》
形式	实体书册	数字 PDF 文件	实体书籍	实体书籍	实体盒装	实体盒装
目的	学生作品集	学生作品集	专业作品集	专业作品集	学生作品集	学生作品集 专业作品集
主题	电影	插画/平面设计	摄影、平面设计的综合应用	插画	插画/平面设计	平面设计
制作时间	大三	大四	大四	大四	大三	大三

12.2 作品集的形式

作品集按形式可分为实体作品集与数字作品集两类。实体以纸本为主，多为书籍或海报，以单件、袋装或盒装的方式呈现。数字形式则是以网页、博客、影片、电子书等方式呈现，常用文件格式为PDF（打印或交互式）、EPUB（电子书），也有的用APP及网站进行展示。

数字作品集具有网络传输的便利性，通过平台被大家注意。作品若是以影片、动画或3D设计为主，选择数字作品集比纸本更适合。一来因作品多为动态呈现，二来屏幕色彩（RGB）比印刷色彩（CMYK）的饱和度更高，鲜明的视觉效果会为多媒体作品加分。

数字作品集广泛用于面试的第一关或学校申请，但要注意上传的文件与电脑系统兼容性的问题，必须确认文件格式能够用于不同的平台及载体，以免因无法观看而失去竞争机会。

数字作品主要通过屏幕阅读，但屏幕会散发蓝光以及需要滑动画面进行操作，容易使读者感到视觉疲乏，阅读耐性比纸本低，因此数字作品集的页数不宜过多，应挑选注目率高、最能展现个人风格的精华作品。

虽然多数国外学校申请或企业面试已以数字作品集为趋势，但进入第二阶段面试时，展示实体作品也许会有加分效果。

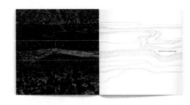

图12-4 这是学生发布在杂志共享网站issuu上的作品集 （设计：胡芷宁）

因此，建议在规划作品集的最初阶段，将实体与数字作品集两者一并规划，风格、色调、图像处理、画面比例等维持一致，作品的形式、展示的重点则要有所区别。数字作品集讲求注目率及快速传达专业性，实体作品集则重补充更多作品细节，传递自己系统的思想脉络，弥补数字作品集所缺乏的细节。实体与数字作品集两者间是互补关系，而非只是储存形式的差别而已。

12.3 作品集的使用目的

黄国荣

作品集按使用目的可分学生作品集及专业作品集。学生作品集可用于申请海内外学术机构的升学机会，制作前须了解每所学校对作品集格式、内容、页数等的要求。而专业作品集则适用于向企业求职，其格式相对自由一些，但须依公司需求及工作类型来凸显个人专业能力。

本节访问了两位在学术界有丰富指导经验，甚至开过作品集课程的老师：黄国荣助理教授提供学生升学及专业作品集的制作经验；近年已由大学教授转职为国际教育从业者的林维冠博士与我们分享了海外求学作品集的要点。

访谈：邵昀如　摄影：亦象光点摄影

台湾科技大学工程技术研究所设计技术本科商业设计硕士

早年在永汉集团工作时，他就明白一本好的作品集在求职的过程中扮演着关键角色。在职期间，他在申请台湾科技大学硕士时也再次制作、汇整业界作品的作品集。之后，因缘际会地从广告设计部主任转战教育界，在景文科技大学视觉传达设计系，教授作品集设计课程十余载，针对未来求职或升学，辅导毕业生整理在校作品，且拟定策略，提出最佳代表作品集。

宝贵的一句话："作品集所呈现的不仅只是作品本身，更是个人独特价值的延伸、专业能力的完整显现。"

——助理教授，景文科技大学
视觉传达设计系

林维冠

澳大利亚斯威本科技大学设计学博士
美国罗得岛设计学院建筑学硕士
经历：留学顾问，捷进国际文教事业有限公司
景文科技大学、台湾师范大学、元智大学助理教授
澳大利亚剑桥国际学院教师

早年于美国罗得岛设计学院读建筑研究生，于申请时开始了解国外作品集的要求及重点，并认识到作品集对设计师及艺术家的重要性。累积多年国外教育经验，在国内外任教期间亦经常协助学生准备作品集以备升学之用。近年，他专注于国际教育，辅导设计及艺术类学生申请海外留学及作品集的准备，是设计类专业留学顾问。曾辅导多国学生。

只要记得这一句话："展现'作品精神'。尽量呈现出作品的广度，而且要有个人的表现方式。"

——Usher Academy 创办人 / 教务主任，联合国际实验教育机构

12.3.1 学生作品集

学生作品集是学生在申请本科或研究生院校时用来展示自己过往作品的材料。大学的申请都需准备纸质文件或上传电子文件。在申请研究生时，除了作品集，一般也十分重视推荐信等文件资料，要求作品更专注于专业能力的呈现。

01 ｜一般升学

美术相关学校的专业大致可分创作型或理论型。创作型可分艺术创作类或设计创新类，艺术创作类有绘画、工艺、影音创作等；设计创新类有商业设计、影视传媒、应用美术、多媒体设计等。而理论型的院系有艺术或设计教育、管理等研究生以上学位。

理论型作品集：若是艺术创作专业，须呈现出观念脉络（创作理念）及技法养成的过程；若是设计创新专业，则须展现创意思考的活泼多样性，表达出与设计的联结（思考脉络），以及专业技能的掌握程度，如软件操作的娴熟度。

理论型作品集：以计划研究的方向为准备重点，其他各项专业能力为辅，作为备审资料。

图12-5 为申请国内研究生而作作品集，除了展现出设计能力，加入竞赛成果、实习等经验，有加分效果（设计：洪绍元）

02 ｜ 海外升学

林维冠博士表示，由于近年设计教育的蓬勃发展，有不少到海外留学的学生会选择艺术、设计相关科系，作品集更是成为必备的申请资料。海外学校对于作品集的看法怎么样？该如何准备？是设计艺术学生必须琢磨的课题。

欧美国家在艺术设计领域的发展相当成熟，在学校的教育上拥有较为广阔的视野，因此，对于作品集的要求普遍采用开放的态度，在创作概念、材料、表现形式上并没有太大的限制。部分学校甚至不要求作品集与未来要主修的科目相符，准备的方向可以说是相当宽广的。但建议还是提供能展现专业领域的作品，以显露出对该领域的兴趣。以下选择部分申请美国艺术设计专业的例子，就其制作原则、内容、呈现形式及数量等进行说明。

001 ｜ 作品集制作原则

美国的艺术设计类大学通常借由作品集来了解学生在某个领域的兴趣、探索、素养、创造力、思考及技巧等，以判断学生的个人特质及未来发展的潜力。因此，作品重点不在于展现高超的技巧，技巧固然亦属创作的一项要素，但校方对于创意思考、概念构思、动手执行的能力，还有主动探索的人格特质更为重视。

艺术设计是一个手脑并用，从创作概念及自我反思，到亲自体验执行的专业。西方教育更认为创作具无穷的可能性，对创作形式及材料应用较少有限制。相比之下，软件操作的技巧不一定是重点。许多学校对于制图，如CAD制图反而并不鼓励，因为此类作品无法展现出个人特质。

对于申请者而言，作品集应尽量展现出个人想法，并且大胆尝试及试验，这样可能会让作品更为突出。

002 ｜ 作品集制作内容

根据以上原则，作品集须充分展现自己的学习热忱及探索能力，除了收录艺术学习课程的相关作品，最好还要有自我尝试的试验作品，以便更好地表现自己的创造力。另外，也要表达出艺术的基本素养，如用素描作品展现自身的观察力、绘图技巧、色彩运用、构图等。展现专业领域的作品也要一并收录，以凸显自己对该领域的兴趣，否则难以说服学校认为自己是具备该领域潜力的人。最后，要充分记录各项作品的创作过程，因为部分学校会要求加入该创作的发展过程或是素描本的内容。

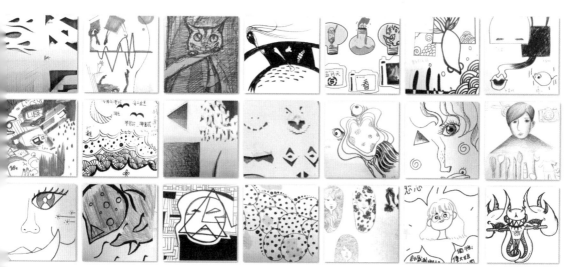

图12-6 即使提供随手画的素描或草图，也可以看出作者对线条与色彩运用的观察力。
过线条或色彩的应用，均可判断出申请者对绘画的熟稔度及思想

一般而言，作品集内容分为四大部分，即素描、平面、立体及专业作品。素描可以展现绘画者的观察及描写能力，欧美学校常称之为"观察性绘画"，即从生活中观察然后直接描绘出的图像。观察类型并无太大限制，如人像、动物、物品、空间等(图12-6)，以选择与专业项目相符的图像为宜。平面类作品，可包含各种想象或实物的绘图，并不限材料，可以是基础造型，或具主题性的水彩、油画，甚至是电脑绘图等形式（图12-7）。立体类作品，则希望有基础的立体造型，如雕塑、模型、3D打印等。若是申请空间相关专业，则须加入可表现空间构成能力的立体作品。专业类作品，则须根据所选专业的性质来准备，如平面设计专业，可制作海报、标识、包装等；空间设计的话，可呈现平面配置的模型、透视图等。

003 │作品集的呈现形式

欧美设计大学或研究院校已大多采用在线申请的形式，作品集几乎没有规定的格式，但要求学生将15～20页的数字作品集上传至规定的平台。或许我们应该考虑如何在屏幕上呈现出最佳效果，并以此调整作品集。为了让对方便于在屏幕上观看，让作品集以符合屏幕的横版比例制作是较好的选择（图12-8）。

在页面规格上建议是采用"Letter Size"的横向比例（这是北美及许多西方国家的官方纸张尺寸：215.9mm×279.4mm），便于在屏幕上观看。若是单张格式请存jpg、png或tiff格式；若是整合成书籍则以pdf档为主。每一单页图档的大小须小于5MB，因只会在电脑上观看，分辨率设定在72dpi以上即可。每一页面可编排数张图像，建议为同一项目作品，不要将不

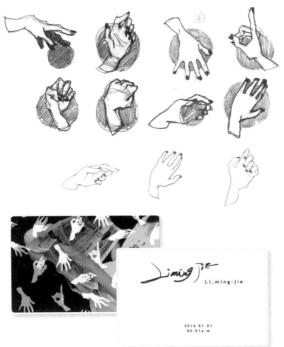

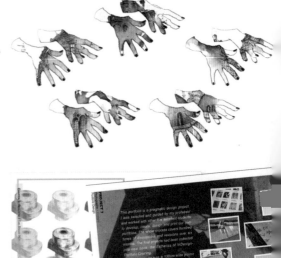

图12-7 这是个人识别系统的作业，手绘比板绘更能让人看见创作者的绘图实力。不管是手绘草图还是板绘作品成品，都是作品集的重要素材（设计：李明洁）

图12-8 本书作者辅导的申请国外研究院校案例

同项目的作品凑在一个页面内。例如，可将概念图、平面图、发展模型及建筑空间类成果作品编排在同一页面，甚至两个以上页面。但编排画面不宜过于复杂，否则容易分散审查者的注意力。

作品集就像一本故事书，需要统一风格及格式，须通过视觉的韵律感抓住审查者的目光。作品集的字体及版面设计，都展现出个人设计素养及美感。千万不可轻视排版的重要性。

004 | 作品集数量

数字作品集的页面少则10张，最多可达30张，平均值介于15～20页之间。因此，准备时可以20页为目标，再视各校要求适度增减。若按以上4种作品内容（素描、平面、立体及专业作品）来规划，每个类型平均可用5页来呈现，因为过多的页面反而分散了作品特色，难以在众多申请者中脱颖而出。但仍可依个人的特质、专业度，以及学校重点进行页面比重调整。事实上，许多学校对于作品集是重质不重量的。

作品集是展现自己美学素养、兴趣、能力等最重要的文件。国外教育讲求个人差异，可大胆地在作品集内传达自己的设计主张，通过个人擅长的媒介及表现手法，尽可能地展现自我，这样才能让审查者注意到申请者的个人特质。如此一来，便有机会在众多申请者中胜出，顺利获得学校青睐。（图12-9）

图12-9 这是多年前学生成功申请美国罗切斯特理工学院设计研究生的实体作品集，作品集章节分为插画、包装设计、平面设计、设计项目，每个章节配置页数不等（设计：Debby Tsao）

12.3.2 专业作品集

以下是黄国荣助理教授的建议，他说专业作品集是针对求职所需，可分成两种。

已选定就业领域方向：根据该领域所需专业能力加以强调，其他能力为辅。因此，作品集的规划须通过排序、内容的比重及风格表现凸显自己的素质。

尚未选定就业领域方向：系统化地整理每一项能力，以均衡、不偏颇的方式，呈现出多元的专业素养。尽量展现出对于多样类别的兴趣、弹性，以应各个业种的潜在需求。

建议以专业摄影的方式表现作品，或是制作模拟作品，展现实际应用的最终效果（可参考"6.3 投影"），作品完整度也需要通过有细节、质感的特写镜头作为信息补充的辅助照片来体现，而作品的风格设定最能展现出个人的品位及审美水平。

图12-10 这是在业界工作五年以上的专业设计师的作品集，作品的架构以项目排列整理，实操作品多以专业摄影为主，注重细节的呈现（Shuan-han_design_portfolio，设计：曾玄瀚）

12.4 作品集属性

菲格·泰勒所著在《这样准备作品集!》中，除了将作品集分为学生作品集与专业作品集以外，还按专长属性分成平面设计作品集（也可以为立体、空间等）、插画作品集、数字媒体作品集，以及跨领域作品集等。以上分类适用于已选定就业领域方向、明确自己的专业项目、确定专业目标的对象。

范例一：插画作品集

能突出自身的手绘能力、插画技巧，并且通过版面编排，透露出基础绘图及设计应用的才能，确定将插画作为本作品集的主导媒介。

图12-11 木质Nature的个人作品集，从个人简介到平面设计或包装设计等单元，皆以插画为主要表现重点，将插画能力完整表现出来 （设计：周庭君）

图12-12 这本作品集不论在章节页还是在作品上，都选择了数媒相关的作品，例如，3D模型、动画、3D展示设计及影片的案例（这位学生目前在展示设计产业担任展场设计师），运用斜线产生透视感或以数媒中重要的灯光设计作为视觉串联的意象，与本作品集的数媒主题产生呼应（设计：蓝云）

范例二：数字媒体动画作品集

以数字媒体（数媒）或动画作品为主，即使平时也创作许多其他媒介作品，也须在页面比例上做出取舍。这本作品集设计风格简单，但从封面、章节页、页码，到所有的图案及文字，都运用了3D的透视进行设计，能看出整体的设计概念。（图12-12）

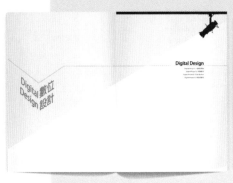

12.5 作品集制作流程

作品集的制作流程与"第1讲　设计工作流程"十分类似，请参考下列工作流程图，大致上也分成：Ⓐ**设计规划阶段、Ⓑ印前制作阶段，以及Ⓒ印中、印后制作阶段。**

在Ⓐ设计规划阶段又可细分四小阶段，于后续章节有详细的说明（图12-13）：

①**作品集设计规划。**一开始就要把三个面先定下：形式，思考作品集的尺寸、材质、加工、装订等；架构，如章节、内容、页数等该如何安排；设计，如整体风格、色彩规划及样式等。

②**作品分类归纳整合。**这是准备工作中最需要思考与耐性的阶段，作品何其多，该如何有系统地归纳

与呈现，是个难题。在此主要步骤为：作品文件整理；作品拍摄或扫描。

③**作品修缮。**针对挑选出来的作品，重新检查是否有要调整的地方，此阶段的重点为：瑕疵处的修复；调整失真处；设计调整或重新制作；通过模拟或摄影补强作品的细节。

④**页数规划（落版）。**按照设定的总页数再来规划每页的图文内容及配置：页面中的图片通常用中间画交叉线的框或灰块面示意；页面中的文字，如目录、简介、创作理念、图注等，将以线条的粗细示意字级大小；最初步的落版建议用手绘制，快速落版以便随时修改。

作品集主要工作流程图，参考如下。

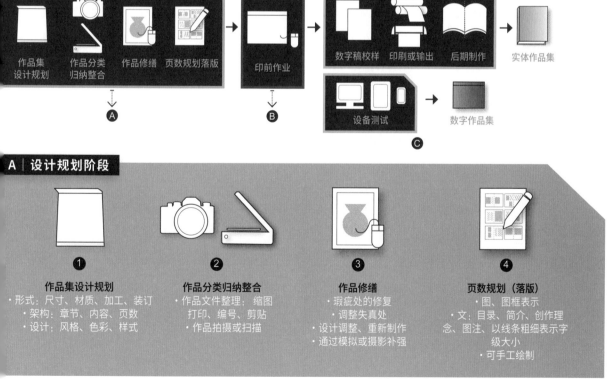

图12-13 Ⓐ设计规划阶段又分成四个工作阶段

在作品集的制作流程中，Ⓑ印前制作阶段主要是指进入InDesign的操作阶段（图12-14）。作品集内的视觉元素设定，可参考本书"视觉的创意"一章。更细致的排版，则包含了色彩计划、版面设定、样式设定、主页设定，至最后输出，在"编辑整合"一章有详细说明。而"12.10 印前作业"也提供了制作6套作品集的翔实记录。

Ⓒ印中及印后制作阶段指的是印刷与装订等制作流程（图12-15），这时应特别注重设计师与厂商间的沟通协调，也是最容易出现状况的阶段。

实体作品集印后制作大致可分为：①数码样校稿（打印校色、校对、制作小样）；②印刷或输出（跟印、打样）；③印后处理，是指表面加工及裁切装订（请参考"1.4 印后流程"）。若是选择数字作品集输出，则须进行设备测试，确认无误才算工作完成。

图12-14 印前制作工作细项

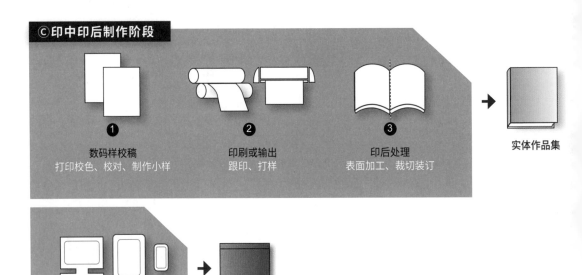

图12-15 印中及印后制作工作细项

12.6 设计规划阶段

制作作品集就是一个项目，需要有详细的规划表。

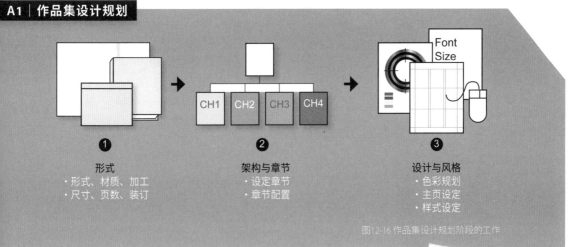

A1 作品集设计规划

① 形式
· 形式、材质、加工
· 尺寸、页数、装订

② 架构与章节
· 设定章节
· 章节配置

③ 设计与风格
· 色彩规划
· 主页设定
· 样式设定

图12-16 作品集设计规划阶段的工作

12.6.1 形式

飞制作出规划表协助作品集设计构思，表格内的项目按个人需求设定。告选书籍形式，就要将封面与内页分别规划。封面设定包括形式、材质、加工工艺等。内页规划有尺寸、页数、材质、加工、装订方向等。制作一张适合自己的规划表，安排适当的规格，设计的想法用文字、手会绘草图或图像来说明皆可。(图12-16，图12-17)

乡式是指版面尺寸及装订方式，图文内容的多寡与作品集的开本设定有极大的关系，例如：设计类、摄影类书籍偏好采用16开（19cm×26cm），方便呈现图像的细节；文字为主的小说类为了方便阅读，多半设定为32开（14.8cm×21cm），请参考"8.1 出版物规格"。

另外，纸张的选择也须考量，看是以画面印制效果还是成本为重点，亮面的涂布纸虽显色好，但带商业气质；雾面非涂布纸印刷的色彩饱和度较差，却有着文艺、手作的质感。现在流行轻涂布纸，在显色效果与文艺风格间做了折中，请参考"1.3 印中流程"。而页数、纸张数及装订方式，也是设计规划阶段都要考虑的，纸张厚度影响书籍度，进而影响装订方式，请参考"8.2 文档设定"。

规划阶段，可以请印务提供印刷模板，先了解印制品的尺寸、材料、艺及成本。本章展示的6套作品集范例中，4位采用了装订的书籍形式，外两位则选择了单张平面作品结合包装形式的设计。

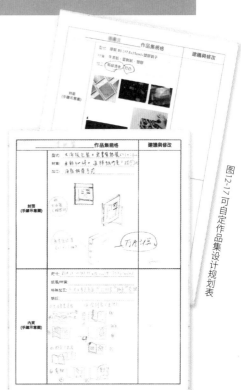

图12-17 可自定作品集设计规划表

12.6.2 架构与章节

作品的图像、文案、插图视觉元素等，皆须花费时间搜集、整理及制作。以专业类型可分成：①平面作品，如绘画、插画、形象规划、广告设计、海报、编辑设计、图表设计、摄影等；②立体作品，如造型设计、工艺设计、空间设计、展示设计、模型等；③数字媒体作品，如动画、影片、网页设计、3D鼠绘、游戏、电子书、交互设计等（图12-18）。该如何配置作品，要看架构如何安排。

作品集的架构主要通过章节来引导。在确定作品集总页数后，就开始进行章节比例分配（图12-19）。章节架构除了可以从专业类型规划，还可以按时间轴进行，如按中学、大学、实习、专题、实务等阶段安排作品。时间轴也可采用倒叙，先陈述近期再回溯至早期作品。

除此之外，也可依个人的"目的"

图12-18 作品的类型

进行不同的规划思考。结合专业类型与学习历程时间轴进行编章的作品集清晰易懂，比如，第一章：平面，以大一大二的绘画及平面设计作品为主，展现自己的基础能力；第二章：立体，以大三的复合媒材作品为主，展现对媒体材料的运用能力；第三章：专题制作，以大四进行的毕业专题作品为主，展现项目的综合执行力；第四章：实务作品，以实习或毕业后就业所独立制作或团队合作的作品为主，呈现自己已具备的专业能力与沟通协调能力。

作品集页面架构，可分封面、书名页、前言、目录、个人信息（学历经历、专长、荣誉、自传等）、章节页、内文（作品介绍）。

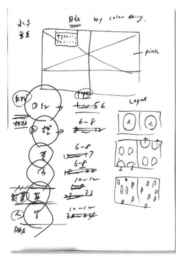

定调围颜色区隔章节 即开始进行页面规划
先大概分配一下每个章节页数
以方便计算书放册装什作品

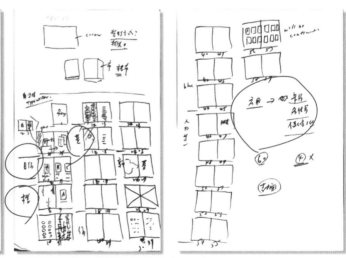

落版－习惯先将每个页面画出来 标示页码
可以用方格表示图片 直线表示文字配置

图12 -19 此为作品集4讨论版面落版的规划手稿

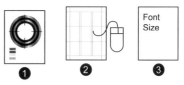

图12-20 设计/风格主要分为：①色彩规划，②主页设定，③样式设定

12.6.3 设计风格

前面分别谈到形式与架构，两者犹如作品集的骨架，有了初步的骨架，才能进入设计阶段。设计主要通过色彩规划、主页设定及样式设定，展现个人专业与审美能力的成果。

如何确定设计风格呢？试着从作品中找出一个定律，发掘自己创作时的思考脉络，以及有别于他人的独特之处。别急着打开InDesign开始编辑，在进入电脑排版前，请多用草图，包含一些闪过的初步灵感、作品的特性，甚至排版初稿。图12-21是本章作品集4《我的色彩日记》的初步构思，请参考"12.12.4 作品集4"。我们在手稿中可以看到风格设定的关键字，如"手写"及"加入真实对象"，因为"手绘"是作者很喜欢的表现手法，并且"加真实对象"与"拼贴"的风格刚好能与手绘结合。在手稿中我们写下了试做草图的问题，请参考"8.5 版面韵律节奏——重复与对比"。一本作品集的风格就是在手稿的脑力激荡中诞生的。随时回到前面步骤——架构（图12-19）反复调整修改页面与版面构图。

在风格设定上，针对升学所制作的作品集应以凸显个人设计风格为主要考量；若为设计专业作品集，可能需要把应聘的公司需求及特色列入考虑，请参考"12.13 设计师给予作品集的建议"，如应聘的职业类型或公司风气偏向保守，就建议不要提供叛逆风格的作品，但逆向操作偶尔也会有意想不到的结果。

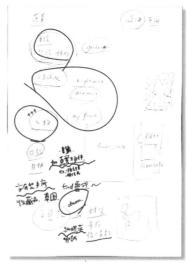

从搜集的绘画中找出一个定律
发现创作的相关脉络 及表现手法

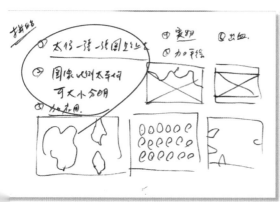

讨论初步草图的问题
比如过于规律 比例及应用都可变化

图12-21 作品集4《我的色彩日记》的初稿规划。右上：从随意构思的手稿中，找出作品集风格设定的关键字，如"手写"及"加真实对象"；左下：于是就由"手写"定下"手绘"的表现手法，从"加入真实对象"联想到"拼贴"的风格，然后再从试绘的草图中找出问题，如图片大小比例太过平均等。另外，建议加入真实质感，应用于手绘图形中，增强趣味性

在设计的过程中，修改风格调性是很常见的事。作品集5《孤单一人》一开始是以书籍形式进行设计的，但发现作品的图文数量少，若以书籍的形式排版，页数不多，会显得单薄，所以最后选择取出较完整的两个小系列作品用弹簧折页制作。弹簧折页可利用折合及展开所产生的影像变化，思考更多的版面构成。事实上，风格的转变也包含形式、构图、色彩，图12-22只呈了现部分过程，其实还经历了很多阶段的演化，如色彩从鲜艳转换为沉稳，请参考"12.12.5 作品集5"。

作品集设计及制作的过程是不断在形式、架构及设计中反复调整的过程，以作品集1《An Chen作品集》为例，文件上传的文件夹数大概就是修改次数（图12-23）。成熟的作品是需要反复淬炼的，请参考"12.12.1 作品集1"。

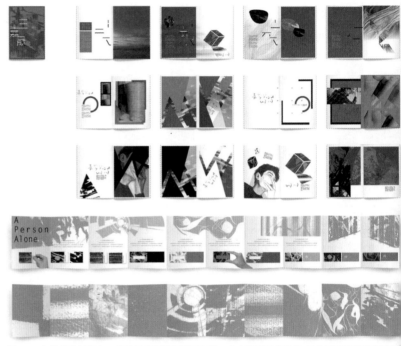

图12-22 在设计的过程中，修改风格调性是很常见的。由上而下是作品集5从构思到制作的部分过程。再看最后的完成品，其形式及风格的转换非常戏剧性

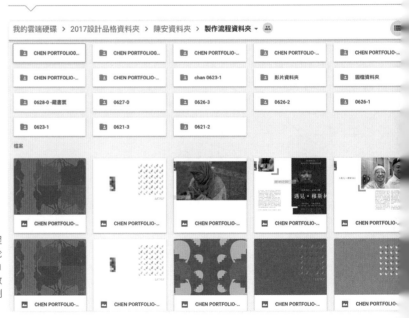

图12-23 设计的过程中会有无数次的讨论与修改，从作品集1上传云端的文件夹数量来看，便可理解制作过程中的辛苦

12.7 作品分类归纳整合

12.7.1 作品文件整理

将所有作品照片以缩略图模式打印出来（图12-24的①），再用手工把同类型作品剪贴在同一张纸上，确认后再用电脑整理文件名编号（图12-24的②），并进行资料夹分类归档（图12-24的③）。剪贴是快速整理作品档案的方法，方便全面，可反复检查作品分类，直接明了、效率高（图12-25）。我还要求学生在进行初步缩略图剪贴后，整理一张作品呈现及修缮计划表（图12-26），内容分作品类型、作品编号、放置章节、工作计划。工作计划就是如何修改或延伸应用作品，请参考"12.8.3 原作的设计调整或重新制作"。

图片的命名可用Adobe Bridge的批重命名处理功能，并利用Adobe Bridge的关键字设定让图片可被跨章节、文件夹重复运用，请参考"2.3 Adobe Bridge"。按照作品类型整理出每个文件夹的作品数量，即可判断自己作品集的落点与方向，这些都是规划章节及重新调整作品的依据。

挑选凸显自身专业能力的作品，舍弃不适当的作品，不要以量取胜。作品集的文案撰写很重要，有条理也陈述设计思路及创作理念是一种负责的态度。做好看的作品集并不难，但要做出通情达意的作品集真的不简单。

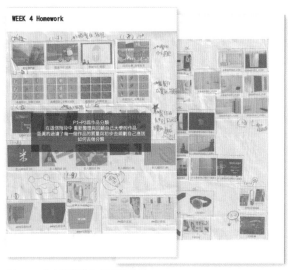

图12-24 ①将所有作品以缩略图打印；②再利用电脑修改文件编号；③以章节命名文件夹并将文件分类

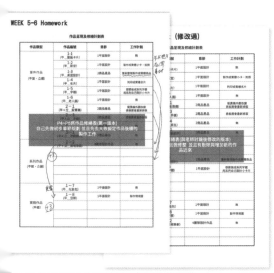

图12-26 作品呈现及修缮计划表（设计：黄沛慈）

图12-25 将未整理的作品用缩略图打印后，再剪贴分类，纸稿方便注记，还可再撕下重贴调整章节及顺序（设计：黄沛慈）

该如何将作品进行归类呢？这里通过以下制作的图表给出建议，基本分为单件作品、系列作品、实务作品及其他作品。"单件作品"多为基础习作，这类作品能展现基础能力，所以建议选择一部分放入作品集，但建议以同类型集中（化零为整）（图12-27），或将基础习作做出样品模拟，如将插画用图像合成在明信片或T-Shirt上，提高作品的成熟度。专题形式的作品可归类为"系列作品"，主要展现设计者具有设计流程的能力，建议作品以完整的单元规划（至少一个以上的跨页）方式呈现，并提供草图、设计过程、设计理念及图注文案。

"实务作品"可以是学生实习参与的作品或自己接的实际案例，这部分可以展现自己有团队合作及具有项目整合的经验。但把实务作品放入作品集之前，须询问合作单位使用权利，若得到许可则须在文案中翔实地说明自己负责的分工项目，在作品呈现的方式上则建议以实物拍摄的图像为主，较具有专业性，可参考"12.3.2专业作品集"，并且要提供细节，以至少两个以上的跨页来规划。最后，其他无法归类的专业作品可以辅助呈现，补充展示自己其他专业的能力，但内容比例勿超过主要的专业项目。

作品基本的归类方向：

作品类型	属性	展现的能力	建议呈现方式
单件作品	多为基础习作	基本绘图能力	1. 需要归类。如按素材分：绘画或摄影、平面或立体等 2. 将基础习作利用视觉模拟的方式套用于应用项目。例如，将插画作品模拟在明信片或是T-Shirt上，提高作品的成熟度
系列作品	多为专题作业	设计流程	1. 以一单元一系列规划 2. 记录草图及设计过程 3. 提供设计理念及图注
实务作品	实习作品（多为业界团队合作／属于公司知识财产权） 个人创作或商业合作的作品 项目设计	展现设计整合及应用能力团队合作经验	1. 询问公司作品使用权利 2. 说明团队作品负责的分项工作 3. 作品以实体摄影表现为佳，并提供细节 4. 一个项目一单元呈现（至少一个跨页以上）
其他作品	其他专业作品	凸显自己专业之外的其他专项 展现自己的多元性	1. 注重内容比重，建议以辅助角色呈现

图12-27 左页是将许多不同主题插画作品集结构成的一个页面，有化零为整的加分效果。有时候许多练习的作品精致度不足，若以单件单页呈现反而会暴露出自己能力上的弱点，最好运用一些图像合成技法，可以让这样的素材变成设计师展现天马行空的想法的页面

12.7.2 作品拍摄或扫描

一位参加国际竞赛并获奖无数的设计师曾分享过他的一次经历：他的作品因摄影的质量不好在比赛初期就惨遭淘汰，之后，他下定决心委托专业摄影师拍摄作品，结果连续得奖。由此可见，作品影像的拍摄质量与风格非常重要。因此，大家除了要认真妥善保存作品，还要养成趁作品被破坏或遗失前随时保持记录、扫描或翻拍的好习惯。（图12-28）

以作品集1为例，在整理作品时，作者发现拍影片的过程中未拍摄清晰的静态图像，作品集内的照片只能从视频中截取，这样截取的图像质量非常不理想。因此，请务必谨记，在纸质作品集输出时，须将作品图像设为CMYK色彩模式，而且至少是300dpi的分辨率，因为图像的分辨率高才能印制出高质量的影像。数字作品集色彩模式则设为RGB、72dpi的分辨率。在进行作品图像的色彩模式转换时，如把RGB转成CMYK，须以经过色彩校正的屏幕输出，并进行多次色彩调整。

基本的摄影能力是设计师必备的技能，即使没有专业摄影灯光器材，运用自然光，找个阳光充足但不是艳阳高照的白天，也可拍出自然舒服的作品。需要保持摄影记录的，不只是最终成品，草图（图12-29）、手稿（图12-30）、初模（图12-31）、操作（图12-32）设计过程（图12-33），都应一并拍照记录。在整理作品素材时，无论多简单或多复杂的作品都可以通过有脉络的思考来丰富作品的深度。

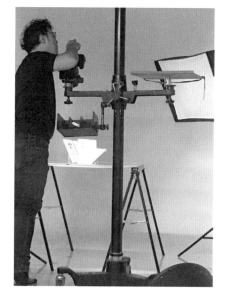

12-28 上：专业摄影师协助作品集内拍摄（亦象光点摄影）；左：擅摄影的两位学生（李宗谕、林韦辰）用简单的摄影光线设备，协助本书拍摄

草图

图12-29 纸张素材是合成手稿的良好背景图，经过细心处理的草图，最能呈现情感与诚意（设计：张薰文，李明洁）

手稿

图12-30 即使是思考中随手记录的手稿或笔记，通过图像处理也可呈现作品的思考脉络（设计：林芳宇）

初模

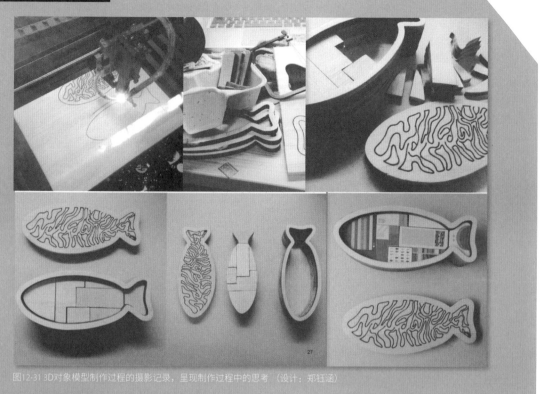

图12-31 3D对象模型制作过程的摄影记录，呈现制作过程中的思考 （设计：郑钰涵）

操作

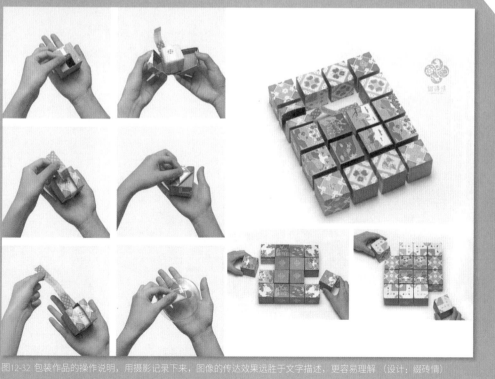

图12-32 包装作品的操作说明，用摄影记录下来，图像的传达效果远胜于文字描述，更容易理解 （设计：缀砖情）

设计过程

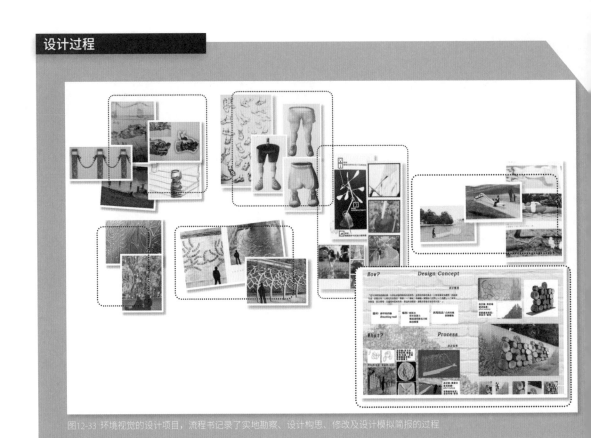

图12-33 环境视觉的设计项目，流程书记录了实地勘察、设计构思、修改及设计模拟简报的过程

Project VI ···································· ▶*Project posters* ····························▶

Project Iteration

12.7.3 项目流程图片的记录与汇整

在制作专题作业时，笔者会要求学生从头到尾记录草图构思、设计、反思、修改的思考过程。学生可以通过文字、平面图像或影片记录的方式，养成记录设计流程的习惯。这些内容会让阅读者产生宛如身临实境的感受，仿佛参与了设计师的整个构思过程。流程书制作是所有课程必备的训练。

通常流程书需要跟着设计进度实时更新内容，当设计项目结束时，流程书也跟着完成，只要再进行下一步的版面编排就行了，流程书其实就是作品集中的完整项目单元。

图12-34的案例是蜉蝣团队花了两年时间，深入洲美丽社区推行屋顶漆白及美白教育计划的记录，内容包含初期的策划书、脸书（facebook）上的记录，以及影片片段等。从项目VI、活动宣传海报到影片记录的设计过程，从第一天开始就以日记形式记录，宛如工作日志，这些素材最后汇总成了5本专刊的内容。

图12-34 这是大四专题设计的流程书，内容涵盖了一年半时间从策划、调查、设计到反思等的过程，流程书拥有将近一百页的图文记录，最后他们用这些内容制作了5本专刊（设计：蜉蝣团队）

图12-35 大四专题制作流程书（专访5位在各专业领域努力的30岁女性），内容也包含了设计方法、访谈纪实，以及所有的设计产品，这些内容也成为杂志所需的图文内容（设计：隅果）

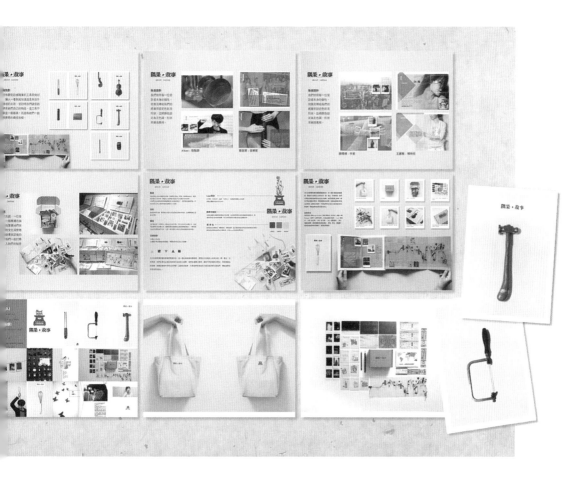

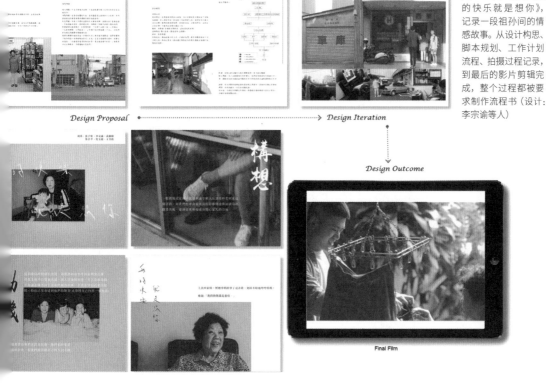

Design Proposal ●━━━━━━━━━━━➤ Design Iteration

Design Outcome

Final Film

图12-36 大二影片《我的快乐就是想你》，记录一段祖孙间的情感故事。从设计构思、脚本规划、工作计划流程、拍摄过程记录，到最后的影片剪辑完成，整个过程都被要求制作流程书（设计：李宗谕等人）

12.8 作品修缮

前一单元笔者鼓励大家通过拍摄、扫描记录作品，但真实的情况是有时候作品已经没有了，如因年代久远已被破坏甚至是遗失，若发生以上情况，就需要通过作品修缮来进行制作。我将修缮内容整理出四个方向，供读者参考：

①**原作的瑕疵修复**：主要针对作品本身的污渍、破损的修补，请参考"12.8.1 原作的瑕疵修复"。

②**调整作品失真**：通常是作品翻拍或扫描时产生的变形或偏色，可通过比例、透视修复，或者色阶、颜色、对比等调整，请参考"12.8.2 调整作品失真"。

③**原作的设计调整或是重新制作**：可用覆盖或图章修补的方式，修改原作品不理想的部分；或是撷取出精彩的部分，重新制作出更成熟的系列作品，请参考"12.8.3 原作的设计调整或重新制作"。

④**应用及操作补充**：可通过视觉模拟合成，将习作放置于产品或其他载体上。或补充更多说明照片或图像，提供作品比例、操作或特写细节，请参考"12.8.4 应用及操作补充"。

12.8.1. 原作的瑕疵修复

范例一：材质重现

笔者在二十多年前于研究生时期制作了一个专题作品，通过刺绣故事讲述一个家族四代女性的故事，为了展现刺绣的真实性，我特别将海报用喷墨打印机印在织品上。

由于当时只能用自购的喷墨打印机将图像印在吸水但不会晕涸的棉布上，而且那时的喷墨打印机最大的打印尺寸就是A4，若要做成A1大小，只能用八块A4纸大小的布一针一线地拼接而成。当然，这个做法也是当初笔者自己设定呼应主题的刻意安排——针线装帧。但因年代久远，彩色喷墨早已褪色，毕业从美国返回时作品不便携带，实体成果便留在母校作为教材。

在准备专业作品集应征工作时，因作品的材质与尺寸的特殊性，记录的照片不甚理想，无法使用（那个年代只有胶卷相片），还好还有电脑文件，于是笔者用软件将作品重现。

修复步骤如下：①选一个棉布材质图像，运用透明

图 12-37 这是用 InDesign 合成的图，运用观众来凸显海报比例，左侧大张海报大约为 A1 尺寸

图12-39 台湾省四代隐形(女性)平面设计师与文化传播之研究：针、线、爱。邵昀如1994年论文项目

度效果将布与2D图像重叠处理（图12-38的①）（请参考"6.5 透明度"）；②一针针的缝线是选择钢笔工具描绘弯曲线段，并将线条改为虚线（图12-38的②），请参考"5.2 线条工具"；③将虚线选择浮雕效果加上投影效果，请参考"5.11 斜面、浮雕和光泽效果""6.3 投影"，即可还原当时AI

海报作品输出的质感效果。

布书（图12-39）的质感及缝线制作过程同海报一样，只是增加了文字，应随着书页的弧度去调整：先用钢笔工具绘制弧度的路径；再用路径文字工具输入文字，请参考"4.7 路径文字工具"。

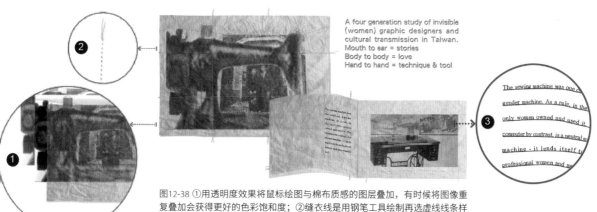

图12-38 ①用透明度效果将鼠标绘图与棉布质感的图层叠加，有时候将图像重复叠加会获得更好的色彩饱和度；②缝衣线是用钢笔工具绘制再选虚线线条样式，加上阴影就产生真实感；③顺着页面弧度的文字是用路径文字工具完成的

12.8.2 调整作品失真

范例二：色阶调整

作品在通过翻拍或扫描后，常因灯光设定不均匀或光线不足而产生色阶不平均的问题，请用 Photoshop 或 Lightroom 调整色阶、颜色或对比度（图12-40）。先用颜色及色阶调整色调亮度，若仍无法呈现白纸的背景，就再进行局部选择，用橡皮擦工具去除背景。

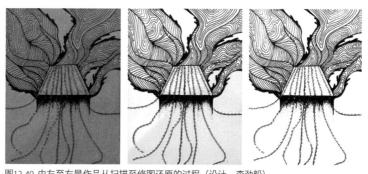

图12-40 由左至右是作品从扫描至修图还原的过程（设计：李劲毅）

图12-41：提取学生的插画作品来做延伸

12.8.3 原作的设计调整或重新制作

范例三：将原作延伸应用

在整理《想象J》这个作品集时，笔者发现学生曾为色彩学作业（图12-41）绘制过一些不错的插画，所以就将具原创性的插画作品单独提取出来，重新制作成新的作品，请参考"12.12.2 作品集2"。

原本的插画主题是鸟类保育计划。我们试着将这些插画重新构思，制作成鸟类保育公园的宣传品。例如，将四组不同色系的鸟类插画（图12-41的①）延伸做成公园门票（日票/周票/月票/年票）（图12-42的①）；调整原先构图不好的海报（图12-41的②），删掉中文的文案，再重新设计标题字（图12-42的②）等。

在整理作品时，以前的报告作业可以拿出来浏览一下，只要是原创的图片，重新构思后就是有用的作品。任何基础练习或初级作品经过重新设计，都可改造成专业作品。

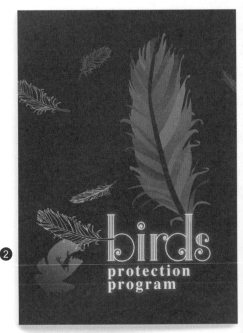

图12-42 ①将原本的四个插画延伸做成门票；②因为用作国外升学作品，将原本的中文删除，并调整构图

12.8.4 应用及操作补充

范例四：摄影呈现层次感

电脑合成是常用的作品模拟技法，但总是缺乏一些自然的感觉。其实，也可以直接将设计档案，如名片、卡片或海报等，在家用打印机输出，若能直接印在喜欢的纸张上则更好，如不能，那么在使用一般纸张印制时，只要善用打光或运用户外自然光，仍可拍出有氛围感的照片（图12-43）。实体与模拟照片穿插会更有趣。

图12-43 这是作品集6的作品，先打印出来，再通过摄影拍出实体，收录在作品集中

范例五：重新制作

《想象J》这本作品集，是将大一的基础版面编排练习重新制作成新作品的范例。排版练习（图12-44）的主要图文来自设计者喜欢的歌手的照片及歌词，为了这个作业，学生也自己绘制了插画。若将这个习作放入作品集，不但排版的成熟度不足，还会暴露缺点，因而学生决定重新制作。

在重新制作的过程中，笔者建议学生以她最喜欢的音乐专辑为题，再延伸几幅同主题的插画，以这份习作图文为基础，调整图文的重心，把原创的插画用于唱片的封面设计，排版部分作为音乐专辑歌本（图12-45）。

在既有作品中找到联结，原本各自分散在过去不同的作业中的元素便可以整合起来。把单一习作变成系列作品，这样就形成了全新的作品。

图12-44 将自创的插画元素放大，运用于CD封面，并模拟成包含歌词本的音乐专辑

图12-45 将自创的插画元素放大，运用于CD封面，并模拟成包含歌词本的音乐专辑

范例六：模拟

作品集2《想象J》是一套国外求学作品集，一开始学生锁定申请插画专业，但有的学校将插画专业放在平面设计系中。不同专业的老师在看作品集时，会有不同的侧重点，必须为不同专业调整作品集，请参考"12.3.1 学生作品集"。两个专业的作品集最大的差别在于作品的内容呈现方式，比如，插画系比平面设计系更强调绘图、观察以及描写能力，因此呈现原作的精致度与细节是重点。相对地，平面设计专业注重学生设计整合能力，所以将插画原作延伸至其他产品的应用，如海报（图12-46）、书籍等，会更符合平面设计专业的申请要求。

图12-46 这是学生将做好的平面练习模拟大海报

Rubik's cube exhibition
(stimulation)

Love will tear us apart.
Illustration poster

FEMINISM

范例七：补充作品的操作细节

单张照片是无法呈现出作品的结构、操作的，这时，可加入一些操作步骤的细节补充说明。影像的信息传达远比文字描述容易让读者理解，请参考"12.12.6 作品集6"。（图12-47）

图12-47 这是作品集6其中的一个制作项目：个人记号。设计概念是运用黑胶唱片的转盘，让读者逐一探索跟作者相关的记号。可旋转的互动设计，用几张连续动作的拍摄，让读者立刻明了作品互动的特色

范例八：对象比例呈现

面对画面中的一张平面作品，如何判断它是一张明信片，还是一张海报？有时候，在画面中加一点儿作品外的元素，如一支笔，就能清楚地表现那是明信片。这就是通过其他环境对象，判断作品的尺寸与用途，以呈现对象比例。图12-48画面中出现的半身人物便让作品呈现海报的比例。

最常见的显现海报比例的方式有添加人物（图12-50）或用双手握住海报，或粘贴、悬挂在墙上。悬挂海报常用长尾夹（图12-49），长尾夹与海报的比例可以帮助我们判断是A3还是A1海报（图12-50）。在墙壁加点阴影，即可模拟出A1海报在墙上的样貌。

图12-49 长尾夹

图12-50 运用鱼线悬吊海报，也是海报展示中常用的手法。如何制作出海报悬吊的效果？①置入长尾夹，以钢笔曲线绘制悬吊的鱼线；②用效果工具为长尾夹及海报加上阴影，阴影的颜色深浅及宽度按对象的厚度或与背景距离而调整，阴影越深、越宽代表对象较厚，阴影浅则代表与墙壁距离较远。因海报单薄，阴影大约设25%较显自然

图12-48 图中的两位观众的作用主要是凸显海报比例，故意以单色调淡化处理，让大家的焦点还是集中在海报上，从人的比例来看可清楚地知道作品是海报而非明信片

12.9 图文配置

现在我们可以进入"构架与章节"这一步骤。主要可分两个阶段：①章节设定；②图文配置，也称之为落版。可先规划整本作品集的总页面（通常可以用预算去评估），按照章节将作品属性配置于各章节，试着将分好类的作品及文字放置于每个页面进行落版，落版草图图片以灰色色块标示，文字则用线条粗细表示字级大小。初步落版阶段只为了先了解章节配比是否协调，页面是否平衡，之后随时需要再调整（请参考下图表Ⓐ和Ⓑ）。

很多人习惯没有经过规划就进入InDesign进行印前作业，但事实上，落版与设计阶段的色彩规划、主页及样式设定一样，可使印前工作事半功倍。即使笔者从事美编工作二十几年，仍习惯用手绘的页面配置进行落版（图12- 51），不论是单张设计还是多页数的书籍，都会用手绘快速进行，将图与文通过速写表达出来，看起来类似预览页面的缩略图。

以《我的色彩日记》为例，请参考"12.12.4作品集"，设计者在确认主题章节后，准备把图片分配至章节前，无意间在作品中找出一种色彩的韵律（图12-52）。所以，设计者决定用颜色作为规划章节的活泼点子。之后进入InDesign排版，特别还在章节衔接的页面，利用渐变的方式与下个章节的主题色彩衔接。

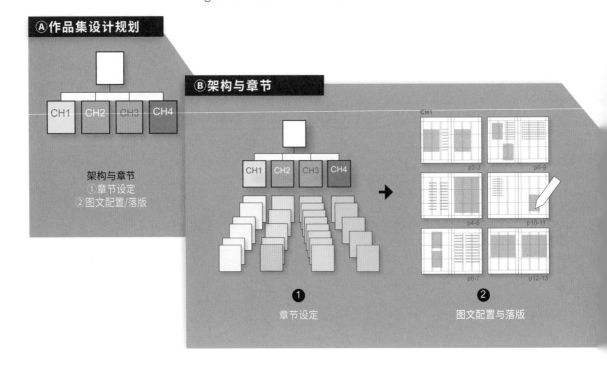

图12-51 二十几年以来，不论大小编排，笔者仍习惯先用手绘图进行落版

图12-52 作品文件缩略图呈现了色彩的韵律感

图12-53 印前制作工作细项

图12-54 在印前制作时邀请尚祐印刷的印务人员与学生一同分享相关范例及印刷须知

12.10 印前作业

结束了作品集的"设计规划阶段",接下来就是"印前作业",这是指进入InDesign操作的阶段,也是本书焦点所在,详情可参考"第2讲 InDesign快速上手"。印前可分为:设计阶段,包括视觉元素的准备,如文字、插画或图像效果等,请参考"视觉的创意";编辑阶段,请参考本书中的"编辑整合",如色彩计划、版面设定、样式设定、主页设定及输出。

进入印前阶段,可先了解印刷及输出的流程。印刷厂的资深印务为我们提供了已经完成的案例,向大家传授关于发稿、色彩、尺寸及实际印刷的宝贵经验。以下章节将着重说明与学生、印务讨论制作6套作品集时所遇到的制作状况及常遇到的问题。

12.10.1 档案问题

这是学生在完稿后要发稿印刷时,常出现的问题。

01 │ 档案是否有缺漏?

完稿后,请记得检查与打包。使用印前检查功能,可将档案的链接、文本流排、字体遗失、图像色彩及分辨率设定等做全面的检查,请参考"11.1 印前检查与打包"。

02 │ 工艺部分须设独立图层

若有需要工艺的部分,如烫金效果,在制作文件时,请将工艺与正常文件的图文用不同图层处理,请参考"6.6 图层应用"。

03 │ PDF文件的使用

不论是为了纸书印刷还是数字输出所存成的PDF文件,都需要注意在输出时,勾选"单页"或"跨页"的选项。虽然印刷厂、数码印刷店可以接受PDF文件来印制,仍建议将打包过的InDesign资料集一并提供,请参考"2.1.5 结束编辑:储存/导出/打包"。

12.10.2 色彩问题

要印出心目中想要的颜色，有些地方需要留意。

01 ｜ 选用Pantone色彩须小心

一般在数码打印时，要尽量避免选择Pantone色彩，若一定要使用的话，建议先将Pantone色转成CMYK，然后去数码印刷店试印，再依据印出的样本回电脑调整颜色，直到输出较接近预期的色彩为止。印制时记得提供确认色彩的纸样，再进行正式数码打样。《An Chen作品集》的3本封面底色选择了Pantone色，未经试印就送打样，出现了严重的偏色问题（图12-55），事后依照上述步骤进行了修正。请参考"12.12.1作品集1"。

02 ｜ 让黑白图像对比明显

在印制以黑白摄影为主的作品时，印务提供了一个让黑色更黑的方法：将黑白图像制作成灰度文件，将原图在Photoshop软件的CMYK色版中单独挑出蓝版，再将独立的蓝版标示为专色，请参考"6.6 图层应用"。将独立的灰度文件及特制的蓝版一并送给印刷厂，让印刷厂将设定为专色的蓝版加印于灰度档上，黑白图像中有黑色层次就会更明显，请参考"6.6 图层应用"。（图12-56）

12-55 左：直接输出设定Pantone色票的封面，原本粉红色的色彩输出时变成色彩相差很大的芋色；右：先将特殊色改为CMYK模式，再调整色彩，试印后再次校色，颜色准确后才印制出来的样本

12-56 左：印务提供让黑白图像对比明显的范例；右：运用灰阶与蓝版印出来的打样

12.10.3 尺寸问题

作品的尺寸影响装订方式，也影响纸张的选择。

01 ｜勒口的宽度、出血设定

书封勒口的尺寸至少是封面宽度的2/3，折口才不易外翻（图12-57），请参考"3.1.3 页面工具介绍"。书封或内页若有满版的图片或色块须做出血处理（图12-58），以避免印刷裁切偏移导致页面出现白边，请参考"3.1.3 页面工具介绍"。

02 ｜书中多页拉页尺寸的设定

在书籍中有跨多页的页面时，须特别注意跨页页面尺寸要逐页递减，即原页面尺寸（图12-59的①）应比单页尺寸内缩一些，第二折的页宽再递减0.3cm（图12-59的②），第三折页宽再递减0.5cm（图12-59的③），依此类推，请参考"8.2.3 建立多页跨页"。书籍输出装订后会用裁切机裁边，折页若无尺寸递减，多页折页可能因裁边时被裁断，请参考"12.12.4 作品集4"。

03 ｜用全开纸的尺寸来考虑作品集尺寸

当印刷较大开数的作品集时，输出成本是按面积计价的，若使用的纸张有多余裁切会造成浪费，让印制成本提高，所以应考虑以全开纸进行页面尺寸规划。在不影响设计创意的情况下，将海报调整为可用全开拼四个版面的35cm×35cm尺寸，成本是重要考量，请参考"12.12.6 作品集6"。

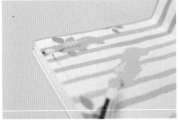

图12-58 左上角页码下的图案跨出边距，图案须做出血处理

图12-57 折口宽度设定太窄时，封面容易掀起来并折坏

图12-59 内页拉页的页面尺寸要随着折页而逐页递减

12.10.4 印刷问题

许多印刷的问题，在排版的过程中就可避免，应谨慎处理。

01 │ 避免让阅读文字接近装订边缘和页面边缘

页眉或页脚的文字设计若太靠近页面边缘，容易因纸张裁边造成文字被破坏，影响阅读；靠近页面装订线的文字亦然，容易因装订被遮蔽，请参考"10.1 主页"。

02 │ 书籍装订边的确认

竖排文字的设定是右翻书（装订边在左边），页面的起始第一页应为左页。《An Chen作品集》由于书封制作错误而导致打样时装订错误。一开始封面与封底文件顺序放反了，由于装订厂会依据封面设定进行装订（而不是内页），从而导致内页顺序错乱（图12-61的左图），请参考"3.1.3 页面工具介绍"。因此，在印前务必作小样(实体范例)，以避免不必要的错误。

03 │ 印刷材质

纸张的选择与印制的方式都必须仔细考虑。作品集6打样时十字折海报用的是较薄的雪面铜版纸，因为双面印刷又满版，产生了纸张透色的问题。但若纸张过厚，在折叠时就不会完全服帖。最后选用180克超特铜，以双面UV输出（油性油墨），另加亮油产生粗粒子质感，请参考"12.12.6 作品集6"。（图12-62）

图12-60 这里的页眉设计是很接近页面边缘的彩色线条，打样品经装订裁切后，线条、页眉文字部分被裁切而不完整了，于是回到制作文件中，将对象试着往版面内移动

图12-61 左：《An Chen作品集》的封面档案做成左翻书，内文印好后装订厂就照着封面设定，让左页空白，因而内页起始顺序错乱；右：竖排文字其实是右翻书，这才是正确的页面顺序

图12-62 十字折海报的纸张厚度及印刷方式，都是与印务讨论出的最适合的折中方案

12.10.5 设计问题

除了上述在印刷时的常见问题外，学生在制作作品集时，也有许多设计概念的问题，以下三个单元的内容将提供设计讨论的笔记，分别为范例一《An Chen作品集》，请参考"12.12.1 作品集1"；范例二《简单/生活/心脏》，请参考"12.12.3 作品集3"；范例三《李劲毅作品集》，请参考"12.12.6 作品集6"。笔者跟学生的讨论重点记录如下。

范例一：《An Chen作品集》设计笔记重点

01 ｜ 作品集规划须考虑后续发展

就图12-63的笔记1和笔记2来看，作品集表现的属性与风格很重要，但作品集的后续发展也是必要的考量因素。作品数量会随着学习及职场的历程而累积，因此，在规划作品集时需要考虑具有延展的弹性空间，如以分册的方式制作。所以，在设计封面时就先建立系列（以成册套装书思考），或以更具弹性的盒装收纳的形式规划。可参考《An Chen作品集》的书籍设计，及《孤单一人》《李劲毅作品集》两套作品集的盒装设计。

02 ｜ 直式文字与横式排版的起始页不同

左翻书（横式书写）的起始页码通常设于右页，章节的起始建议从右页开始编码并结束于左页。右翻书适用竖向编排的文字，其起始页码在左页，请参考"8.2 文件设定"。

03 ｜ 整合琐碎元件和统一与变化的拿捏

笔记4的范例说明太多，琐碎的版面元素易使版面结构松散，排版时可运用大面积的色块影像或质感肌理（如纸张、木纹）当底图，通过背景将分散的元素化零为整。主页运用格状结构使版面更具有结构性，也利用局部变化或不对称打破了固定规则，请参考"8.5 版面韵律节奏——重复与对比"。

04 ｜ 不可忽略的图片说明

图片说明（即图注）用于描述图像内容，是传递具体理念的宝贵信息。另外，图注的文字多设定为版面最小字级，而小字是文字样式重要的对比元素，可提升版面精致度。如前所述，好的版面其实是由点、线、面构成的，在编辑中级数小的图注犹如版面重点，是画龙点睛的角色，请参考"8.3 版面元素——点、线、面构成"（笔记5）。

05 ｜ 符号的正确性

因《An Chen作品集》的作者是习惯使用简体字的大陆学生，但这本作品集选择使用繁体字制作，造成了繁体与简体的引号差异。在英文及简体中文中的引号是""，而繁体中文的引号则是用上下引号「」，因此要做全文的引号修改（请用"编辑"中的"查找/更改"来进行修改，可参考"9.1.4 引号的变更"）（笔记6）。

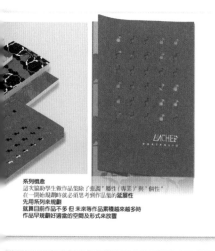

系列概念
這次協助學生做作品集除了強調"屬性(專業)"與"個性"
在一開始規劃時就必須思考到作品集的**延展性**
先用系列來規劃
就算目前作品不多 但未來等作品累積越來越多時
作品早規劃好適當的空間及形式來放置

內書封

藏書票概念
內書封改用最單純的紙板
上面的圖案
先設計為藏書票(目前款式未定案)
可讓作者自打點貼
也可做成周邊 可送人

笔记2

圓式編排
這套作品集的屬性
以震撼和動感為主
與一班設計系學生以圖
為主導而言
相對文字較多

故特別選擇以中文小說
的概念的直式編排
垂直文字底

圓式編排
的起始頁是右頁
雙的裝訂在右側

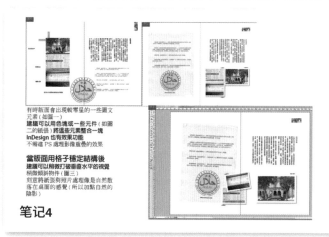

有時版面會出現較零星的一些圖文
元素(如圖一)
**建議可以用色塊或一些元件(如圖
二的紙張)將這些元素整合一塊**
InDesign 也有效果功能
不需進 PS 處理影像重疊的效果

當版面用格子穩定結構後
建議可以稍微打破垂直水平的視覺
稍微傾斜物件(圖三)
刻意將紙張與照片處理像是自然的散
落在桌面的感覺(所以加點自然的
陰影)

笔记4

引號的運用
西文及中國會用""(Quotation)
但台灣用「」
以陳安的文章來說
需要將他全文的""改為「」時
可以用上拉式選擇之「編輯」
之「尋找/變更」。
將「尋找」設定:""
「變更」設定為:「」
即可進行全文修改。

謝謝黃老師_這功能我沒用過
呵

笔记6

图12-63 《An Chen作品集》的设计笔记重点

范例二：《简单/生活/心脏》设计笔记重点

01 │ 主页的栏位设定与页面宽度有关

就笔记1来看（图12-64），建议横向版面的主页比纵向版面设定更多的栏位（可到6栏），这样可提供更灵活的排版参考。很多人担心栏数过多会让文字段落过窄，造成句子断断续续。但将文字及图片进行跨栏位排版也是常用的方法，运用跨栏改变版面的韵律与节奏，可参考"2.1.4 版面设定及样式设定"及"8.4 版面结构"。

02 │ 增加页面大小或利用材质变化

一本书可利用页面大小、不同材质，创造出趣味性。在同一个文件中可加入几页特殊尺寸的页面（参考"8.2.3 建立多页页面"），也可运用不同材质的纸张交错装订，打破排版的固定性，例如，选用半透明的粉色描图纸作为与内页区隔的章节页（图12-65）。

03 │ 不超过边距的阅读文字排列

一套作品至少选用2种字体进行搭配才比较有趣，还可以运用正体、加粗、斜体及尺寸进行更多变化，可参考"9.2.1 段落样式规划与建立"。建议任何阅读性文字都不要超过页面边距排列，以防装订时被裁切。版面的上、下、内、外边距特别设定，主要可限定阅读段落排列最边缘的极限，请参考"第10讲　主页设定"（笔记2）。

04 │ 通过章节页转换阅读节奏

章节是文件的架构，章节页如同乐谱中的休止符，可让读者休息一下并调整阅读速度。章节页的设计可与内页产生差异，如内页用浅色纸张，章节页可用颜色强烈的纸或特殊材质的纸以作区隔，请参考"8.5 版面韵律节奏——重复与对比"。章节页也是提供单元之标题及内容说明的引导页，并不限于用在一个页面上，书籍内的章节标题可快速用参数设定，请参考"10.4 页码和章节"（笔记3）。

05 │ 运用参考线辅助强化版面结构

主页的参考线不限于图文排版，还能作为色块或图片的局部遮罩片的参考线，如可将方正的满版照片进行结构性的破坏，请参考"8.4.2 垂直水平构图""8.4.3 垂直水平、斜线构图""8.4.4 垂直水平、斜线及弧线构图"。

我们一向习惯注意垂直的栏位所建构的版面结构，其实，水平线更能影响阅读者的视线，须通过水平参考线维持跨页甚至整个文件版面的稳定性（笔记4）。

06 │ 利用半透明或不透明色块处理文字与背景或图与图间的层次问题

压在图片上的文字段落常因复杂而难以阅读，运用半透明或不透明色块衬于文字与底图间，能提高文字的辨识度。半透明色块一般不会遮挡背景图像。若是图片间重叠，也可以给图片加白框，如拍立得相片的效果，即使照片叠放也有层次感（笔记5），也可参考"5.10 发光效果"处理文字的方式。

笔

笔记2

笔记3

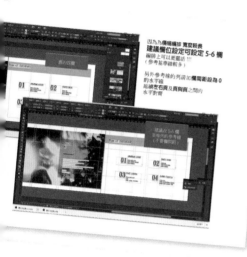

图12-64 简单/生活/心脏的设计笔记重点

图12-65 运用彩色描图纸作为章节
页，与一般纸张的内页区隔

笔记4

笔记5

图12-66 《李劲毅作品集》的设计笔记重点

范例三:《李劲毅作品集》设计笔记重点

01 │ 跨页的排版须考量整体连贯性

跨页的版式必须左右页一起规划,尤其要注意水平视线的连贯性。在进行排版前,须利用网格结构或其他栏列设定。建立主页参考线,九宫格其实是有趣的版面结构,不只用于图文排列,也可当色块遮罩的参考,请参考"10.1 主页"(笔记1)。

02 │ 处理分辨率较低不精致的图像

有时,作品已无备份,仅剩画质不佳的电子档,这类影像须通过修复或套用特效、色彩或质感处理,掩盖其缺点,避免以其原始样貌呈现,请参考"12.7.2 作品拍摄或扫描"及"12.8 作品修缮"(笔记2)。

03 │ 建立项目的专属色板

每套作品集皆须有专属的色板,这套色板可兼容色相、饱和度或亮度的协调性。可运用专属色板的色彩,调整其透明度,把不同来源的照片素材进行叠色,让单元或整本书的色彩进行统一,请参考"6.5 透明度"及"7.5 单色调效果",这套专属色板也运用于版面文字、块面及背景等(请参考"7.3.3 主题色")(笔记3)。

04 │ 图片的构图与文字排版呼应

观察影像产生的明暗对比或影像的轮廓线,须与文字排版相互呼应,版面的文字与图案可按照产生具有互动关系的韵律及动线进行排布(笔记4)。

05 │ 主页与图层管理

用满版的图像或色块作为底图,须在主页页面运用图层,管理主页项目:将满版底图放置在最底层,图片文字或页码放在上层,版面元件才不会被背景所覆盖,请参考"6.6 图层应用"及"10.2.2 图层于主页的运用";调整主页项目,请参考"10.2.3 主页的高级应用"。

印前阶段是作品集制作过程中最费时的阶段,也势必经历多次讨论与修改。在InDesign编排完成后,须将文件通过印前检查、修改链接、归档输出才算完成,请参考"2.1.5 结束编辑:储存/转存/打包"及"11.1 印前检查与打包"。其实,在接下来的"印中(印刷或输出)及印后制作阶段"也会遇到不少问题,如归档、文件格式、色彩、字体等,印中及印后阶段必须与印刷厂或数码印刷店及装订厂不断沟通,才能逐一解决(笔记5)。

12.11 印中制作及印后处理

本节分别以印中制作及印后处理两部分进行说明。印中制作包含了"数码样校稿""印刷或输出";而印后处理,则是介绍表面加工及裁切装订等内容。

12.11.1 数码样校稿

目前,打样的主流是合乎成本的数码样,方便设计者校稿、确认色彩,但因不是使用实际印刷用的油墨,所以无法呈现出最接近预期的色彩效果。

校稿时,通常直接在数码样上标注错误及修改事项,再回样给印刷厂调整进行下一步骤(图12-67)。当然,也可要求印刷厂根据回样再提供修改后的第二次打样,但每次打样都有费用,增加的成本须自行考量,可参考"1.3 印中流程"。

除了印刷品(书籍、海报等)的打样外,盒装或硬壳书腰等特殊项目也要进行试做,可利用割盒机及裱贴等技术制作样本,主要是针对尺寸、结构及裱贴材质等进行试做(图12-68),确认无误后才能进入正式制作。

图12-67 数码样校稿

图12-68 也可以请印刷厂针对作品制作白样

12.11.2 印刷或输出

本书实作的5套作品集在经过与印务讨论后,都选择了接近设计者期待的印制效果进行制作(而非以成本为优先考量)。每套作品集的印制数量皆以打样的最少量(3套)制作。

打样可分成数码打样及传统打样。数码打样无数量限制(单本就可印),可依版面大小考量印制方式:小于A3尺寸适合用激光打印(碳粉)、较大尺寸的作品集就须选择水性或油性油墨的大图喷墨印刷。相对地,数码打样的纸材选择余地较小,也无法处理特殊的印刷效果,但因其经济、快速,是多数作品集制作者的首要选择。

传统打样有以下两个优点:第一,用纸与印刷油墨皆近似印刷成品;第二,可处理特殊效果(如金银专色或烫金等)。但目前传统印刷工厂不多,又需要手工制作,考虑到工时及质量,建议同时制作3~5套,这样可预防印后处理的失误。相较之下,传统打样成本比数码打样高出许多。《孤单一人》的设计因有印金、银等专色的需求,是本书5个范例中唯一选择用传统打样制作的作品集(图12-69)。

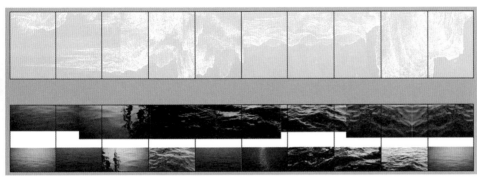

图12-69《孤单一人》的风琴折海报因有烫金的需求，以传统CMYK四色印刷底图再加专色金一版共同印制。在InDesign中，请将专色与四色画面分图层放置，并在辅助信息区上标注专色图层，请参考"6.6.1 InDesign图层应用"

例 1

《An Chen 作品集》印制方式：

封面：数码打样，彩色激光输出，200g 雪韵纸。
内页：数码打样，彩色激光输出，120g 雪韵纸。

例 2

《我的色彩日记》印制方式：

封面：手工绢印（自制），1.2kg 灰纸板。
书衣：数码打样，彩色激光输出，水蜜桃纸。
内页：数码打样，彩色激光输出（因版面在 A3 尺寸以内），150g 模造纸。

例3

《简单 / 生活 / 心脏》印制方式：

全透片外壳（如同塑料片的材质）：数码输出——UV 输出（油性油墨）。

封面：数码输出——UV 输出（油性油墨），金银卡（雾银）。

内页：数码打样，彩色激光输出，180g 雪铜纸。

例4

《李劲毅作品集》印制方式：

十字折海报（完成尺寸 28cm×28cm、展开尺寸 56cm×56cm）：数码输出——双面 UV 输出（油性油墨）加亮油（产生粗粒子质感），180g 超特铜。

图文集封套：数码打样，彩色激光输出，85g 日晒纸 +3mm 灰纸板。

图文集封面：数码打样，彩色激光输出，180g 羊毛纸。

图文集内页：数码打样，彩色激光输出，75g 日晒纸。

仿黑胶唱盘可旋转个人简介：数码打样，彩色激光输出，200g 模造纸。

例 5

《孤单一人》印制方式：

弹簧折海报（展开尺寸36cm×130cm）：传统打样，印刷正式样（四色印刷＋专色），120g雪韵纸。

手册（尺寸15cm×10cm）：数码打样，彩色激光输出（因版面在A3尺寸以内），140g亮丽细纹纸。

黑色裱卡（尺寸23cm×15.5cm）：孔版单色打印，205g黑纸（双面黑色的卡纸，RETRO JAM印刷）。

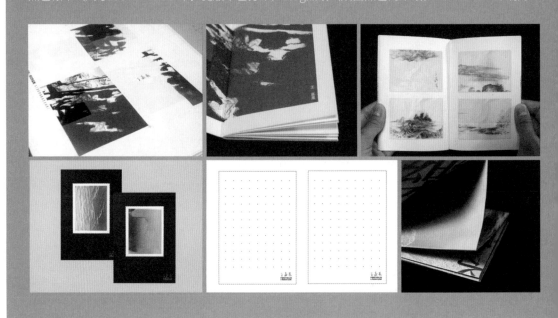

总结印中流程注意事项：

① 版面尺寸若小于 A3，建议选择彩色激光输出，制作成本较低。

② 以图像为主的作品集，建议选用涂布纸张或轻涂布纸，成色效果较佳，请参考"1.3 印中流程"。

③ 书衣材质可选择含塑成分且不易撕破的合成纸，或选择布类，如麻或天然绢，厚度与保护性较佳。

④ 上光或烫金（金、银）的效果虽然很精致、漂亮，但大面积的烫金，相对来说成本高，不划算；打样时可以考虑用四色印刷加专色金或银的油墨印制，请参考"12.12.5 作品集 5"，但金银油墨确实无法像烫金那样呈现明显的金属感。

图12-70 传统打样，四色CMYK版再加专色（银）。传统打样，四色CMYK版加专色（PANTONE871C金及PANTONE872玫瑰金）的印刷过程

12.11.3 表面加工及裁切装订

这一单元是 5 套实体作品集印后处理的加工过程，又可分成两
个范畴：表面工艺（上光、烫金、打凸、压纹等）及裁切装订（轧
型、折纸、装订等），也可参考"1.4 印后流程"。

例1

《An Chen作品集》印后处理：

外封套(磁性腰封)：数码切割(割盒机)1.2kg 纸板，手工成型、裱贴 120 克灰色触感纸。书籍装订方式：
机器胶装。

例2

《简单/生活/心脏》印后处理：

装订：精装本。
封面：数码切割，蝴蝶页黏贴。

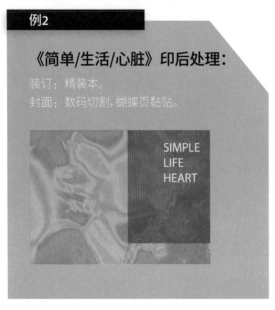

例3

《我的色彩日记》印后处理：

装订：车线装订。
手工扉页：1.2kg 灰纸板。

例4

《孤单一人》印后处理：

白色裱卡（尺寸 23cm×15.5cm）：
表面加工→烫金 300g 象牙卡。
弹簧折海报：折纸 / 弹簧折
手册装订：车线装订。

盒子（长 24.5cm× 宽 17cm× 高 2cm）：
数码切割 400g 黑卡，手工成型。
表面加工：上丝绒膜、烫金。

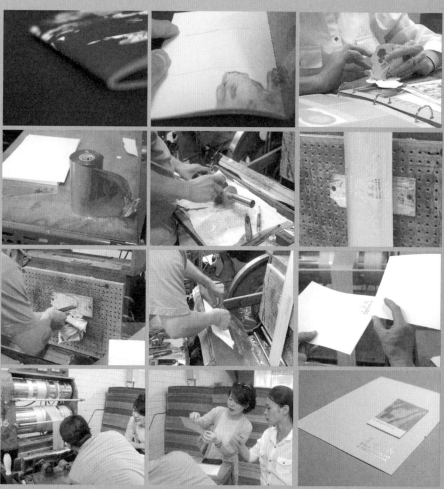

图12-71 烫金的程序：挑选色膜、制作网片、制作锌版、材料准备、固定色膜、固定锌版于加热版、测试、印制纸板定位、测试、压力调整

例5

《李劲毅作品集》印后处理：

外盒：数码切割（割盒机）1.2kg（48 盎司）灰纸板，手工成型、裱贴 120g 咖啡色星幻纸。

立体字：激光雕刻，3mm 密度板。

十字折海报：折纸 / 十字折。

图12-72 镂空盒子割盒机的操作过程：纸板切割、上下盖制作、裱贴纸切割、下盖裱贴、上盖裱贴、结构制作

总结印后流程注意事项：

① 选择精装本装订的书籍，建议总厚度至少为 1cm（包含封面及内页），这样才较为美观。若要用页数推算的话，60 页左右，可选择 180g 的纸张；70~80 页，则选择 150g 的纸张。另外，软精装（也称平精装）的封面不一定用克重轻的纸张，也可以选择卡纸，请参考"8.2.1 新建文档"的装订。

② 锁线装订（包含封面及内页）整本书厚度在大约 1cm 以上较为美观，可运用内页纸张克重、页数及封面的灰卡厚度，多方考量后进行调整，请参考"8.2.2 封面制作"的书脊算式。

③ 烫金也可以处理类似压凹的效果，《孤单一人》印制的白色裱卡及黑色盒子上的烫金处理，都请师傅调整模版压力制作出了压凹效果。

准备好了吗？
请开始规划及制作自己的作品集吧！

12.12 作品集成果

作品集 | 1

作品集 | 2

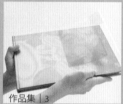

作品集 | 3

作品集 | 4

作品集 | 5

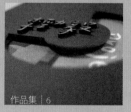

作品集 | 6

从作品准备、策划、设计到制作完成阶段，我们共花了一年。这6套作品集也是照着设计的流程一步一步完成的。从整理修缮作品、配色方案、主页设定，到样式设定等，除了这些设计师熟悉的步骤外，本书还延伸讲解了印刷、印后处理部分。要设计一本漂亮的作品集也许不难，但要完成一本可表达自我并且清晰传递信息的作品集就没那么容易了。

准备好了吗？接下来将按照形式、架构及设计（版型及样式）逐一介绍6套作品集。

12.12.1 作品集 | 1

An Chen作品集

大学三年级（当时），主修电影及影片论述。作品集定位：就业作品集及研究生申请资料。

陈 安

01 | 形式

因为该学生主修电影，文字的创作论述视觉作品多，所以考虑以小说的排版开作为个人特色。将作品内容分3个主题划，每个主题设计一本小册子，也方便后新增作品时，主题可延续套用这套定好的主版、样式；另外也设计了方便理又可轻易拆取的封套（磁性腰封），放3册汇整成套。系列性地展现作品，作品的思考脉络更具完整性。（图12-7、12-76）

①尺寸：A5 /14.8cm×21cm。

②页数：每册24页。

③材质：封面/200g雪韵纸，内页/120韵纸，封套（设有磁扣的腰封）/1.3（2mm）灰纸板/裱贴灰色120g触感纸。

④加工：印制/数码打样/彩色激光输装订/右侧胶装（直式内文）

⑤制作成本：一套3册加封套（磁性腰每套制作成本约合人民币450元（建少同时制作3套）。

图12-73 3册使用相同形式但不同配色的页眉

图12-74 第一册（蓝色）：关于自己；第二册（粉红色）：《遇见·穆斯林》；第三册（绿色）：《草园》。3册皆以直式右翻书的

图12-75 作品集有3册，设定以封面颜色来区隔。外封套（磁铁腰封）可以将3册套装在一起。封套上的镂空图形是陈安自己设计的logo造型，以割盒机切割制作裱贴灰色触感纸。腰封设计为开放结构，可用磁铁快速打开及扣上，方便取出书册

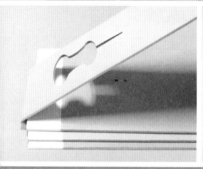

2-76 封面颜色依内
..定。左：第二册
..见·穆斯林》的色
..是从采访影像中女
..纱的粉色撷取出
..，右：第三册《草
..选用绿色，也是
..主题名称及海报
..绿色

02 ｜架构

每册单一主题，共分3册。第一册：关于自己，结合个人记号及简介等相关设计理念。第二册：在台湾的第一部纪录片《遇见·穆斯林》创作过程录像。第三册：在台湾的第二部剧情片《草园》的创作、脚本、剧情介绍及手法解析。

03 ｜设计

版式：单页以均分的四栏、两列的对称主页版式套用于左右跨页。页码的设计根据每个分册的主色衍生出3套配色线条进行变化，也与3个主色调封面呼应（图12-73）。

段落样式：大标题/仿宋30pt、中标题/俪中宋14pt、小标题/Adobe繁黑粗12pt、内文/俪中宋10pt、图注/华康明体6pt。

设计的品格

12.12.2 作品集 | 2

想象J

大学三年级（当时），视觉传达设计系，喜欢插画手绘及平面设计，赴英国就读硕士。作品集定位：插画及平面作品集／英国大学双学制申请资料。因作为国外学校申请使用，为本书6个案例中唯一的数码作品集。

| 林婕姁

图12-77 数码插画作品集的页面设计，横排较符合屏幕的比例，但因考虑也可能会印纸本，所以也仿照了书本的跨页编排

01 | 形式

为了申请国外学校所制作的作品集，采用了PDF文件形式，但后来也输出了实体作品集作为面试备用。申请的两个专业分别是插画及平面设计，两个领域对作品集内容的要求很不相同，所以该学生一开始就朝两个方向规划制作，再分别送印。插画专业重视精细描写能力及观察力，作品以原创性的绘图作品为主，请参考"12.3.1学生作品集"。当初在规划时，该学生从上百张插画作品中思考个人风格，作品皆为精选而非以量取胜。

平面设计专业更重视的是多元性，如字体设计、海报、版式设计或标识设计等，以及对媒介的广泛运用能力。因此，在作品的分类上须谨慎思考，如何呈现系统的脉络及作品的比重皆很重要，可参考"12.7作品分类归纳整合"。

①尺寸：数码/PDF档，实体/A5直式（A4横式）。

②页数：32页，两本共64页。

③材质：封面/200g雪铜纸护膜，内页/150g雪铜纸。

④加工：印制/彩色激光输出，装订/普通胶装。

⑤输出成本：雪铜纸，每本约合人民币110元；德国棉纸，每本约合人民币180元。

图12-78 平面作品的页面设计涵盖了标识设计、海报设计、封套设计及字体设计等，虽然也可以放入插画作品，但在平面作品集中，插画作品表现更多的是"应用"，所以将插画作品应用在了手提袋上

图12-79 上：平面作品集；中：插画作品集；下：版式。两本作品集风格设定很不相同

02 | 架构

插画作品集中1/3的内容设定为个人简介及创作理念、创作脉络介绍。在筛选插画作品时，发现其平日最多的创作主题是动物与人，便将插画作品集以"动物的救赎"命名，并以叙述的方式串连起系列的插画作品。

平面作品集由从大一至大三的设计作业中选取适用的元素重新制作，或对较成熟的作品加强应用，请参考"12.8.3 原作的设计调整或重新制作"，依设计应用类别分排版、画册设计、视觉识别设计、饰品设计4个单元。（图12-77—图12-79）

03 | 设计

版式：每一页分成两个栏位规划。

段落样式：大标题/Orator Std Medium 36pt、中标题/Gurmukhi Sangam MN 20pt、小标题/Bradley Hand Bold 12pt、内文/Adobe Caslon Pro 12pt、图注/Orator Std Medium 9pt。

12.12.3 作品集｜3

简单/生活/心脏

大学四年级（当时），视觉传达设计系、爱好摄影、平面设计、品牌设计及排版。作品集定位：纸本作品集 / 综合性作品集 / 专业作品集供求职使用。

｜张薰文

03

01 ｜ 形式

该学生开始准备作品集时是大三，通过学校作业已累积了不少完整的设计项目，作品表现能力比较成熟，所以规划以成本的精装本作为作品集形式。单册作品集内推或求职时最普遍的制作格式，适用擅长项目型作品的学生。由于其在学生期间就已于设计公司实习，可思考未来第二本作品集延续本作品集的主页样式结构，再收录实习、专题制作及担任产学项目助理所累积的实务作品。

① 尺寸：B5横式。

② 页数：80页。

③ 材质：书壳/全透片、封面封底/雾银银卡，内隔页面/珠光描图纸，内页/18雪铜纸。

④ 加工：印制/数码打样/UV输出/彩色光输出，装订/左侧精装本（横排文字）

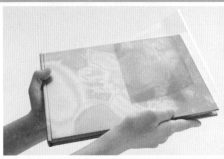

图12-80 用全透片制作保护性较佳的书壳，封面和封底则用有金属反光的雾银金银卡油性油墨印制

图12-82 书封及内页第一部分：目录、序

图12-81 段落样式设定单

图12-83 章节二 "关于摄影集" 内页排版

5)制作成本：数码印刷店印制及装订，单册80页，约合人民币900元。

02 | 架构

章节架构包含个人简介、专业能力（摄影）及两个设计项目内容。设计项目分别为大二上、下学期两件设计得非常用心且相当完整的作品。本作品集分个章节：关于自己、关于摄影集、关于个人记号（大二作业）、关于文青日志（大二作业）。将这4个章节编排整理后，已达80页，之后可再新增以毕业主题及实习作品为主的第二册作品集。书籍的章节架构非常重要，可用色彩、样式及主页设定进行章节变化，并用文字层次表现提升读者阅读体验，请参考"第8讲 版面设定""第9讲 样式设定""第10讲 主页设定"。（图12-80—图12-86）

03 | 设计

版式：宽的横向页面，采用较多的7栏、5列制作接近方格子的版面结构，这个版型共享于封面（图12-84上图）、单页主页及跨页主页。这本作品集特别运用了动态标题进行快速、灵活的章节标记（图12-84下图），请参考"10.4.1 章节标记"。

段落样式：大标题/华康圆体（W8）21pt、中标题/华康圆体（W7）16pt、小标题/华康圆体（W5）11pt、内文/华康圆体（W3）9pt、图注/华康圆体（W3）7pt、注解/华康圆体（W3）6pt。

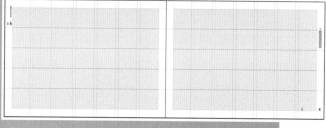

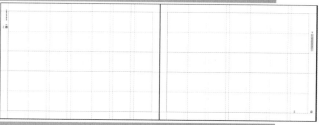

图12-84 作品集的封面（上）、内页（中）共用同一套版面结构。也运用动态标题设定章节标记，页眉上的章节标题会跟着目录上的章节内容改变而变化

图12-85 章节三"关于个人记号（大二作业）"的内文排版，显示出了"12.7.3 项目流程图片的记录与汇整"提到的流程记录的好处

图12-86 章节四"关于文青日志（大二作业）"的内文排版

12.12.4 作品集│4

我的色彩日记

大学四年级（当时），视觉传达设计系，喜欢手绘插画，喜欢写日记做卡片，作品集则以插画为主的日志形式呈现。作品集定位：插画作品集、专业作品集。

│陈蓓萱

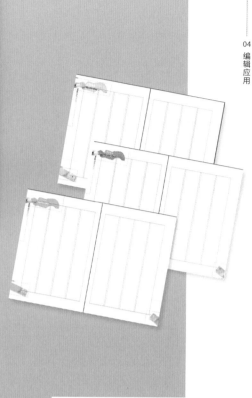

01 │ 形式

该学生喜欢的事物很多元，因此花了较长时间摸索作品集定位。若是碰到自我定位不明确的情况，可以通过个人特质及未来发展方向进行自我探索，更可以先从自己的作品去寻找脉络，再进行分类规划整合，请参考"12.7作品分类归纳整合"。从该学生大量的作品中发现不论是小品还是设计作业，她都擅常用手绘风格表现，加上她也喜欢书写涂鸦，日志的形式就归纳出来了，经过讨论后决定以插画日志作为本作品集的表现形式。（图12-87—图12-90）

①尺寸：A5直式。

②页数：60页。

③材质：封面/1.2kg灰纸板、书衣/290g羊毛纸、122g水蜜桃纸、内页/150g模造纸。

④加工：印制/手工绢印/UV输出/彩色激光输出，装订/锁线装订。

⑤制作成本：约合人民币670元。

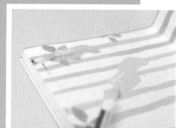

02 │ 架构

在随性的创作中也能找出规律。根据插画作品，将作品集章节分为关于我、花、梦及朋友四大主题。运用红、黄、橙、绿、蓝等五色贯穿整本书，并在章节的衔接处跨页，将结束章节的主色与新单元的主色以交织的方式布局于同一跨页，成为章节的引导。

图12-88 作品集的版式，运用彩色颜料与画笔作为页眉设计，呼应了本作品集的主题

图12-87 运用PSD图层在InDesign页面重组插画构图，还加入实体物件让书本更有层次

03 | 设计

即使是以插画为主的版面也须设定主页及样式，借由规范找出韵律。本作品集的书眉，运用颜料与画笔呼应整本作品集主题"我的色彩日记"。如何不让页眉页码被满版图片覆盖，请参考"6.6图层运用"。另外，在绘制插画时，建议将对象、人物或背景（前、中及背景）分别存在PSD不同图层，在InDesign中的"置入"选项，选择"显示置入选项"，则可分别导入不同图层的对象，即可在InDesign内重组元素，排列出新的画面，请参考"6.6.2 PSD的图层支援"。InDesign也可以是执行绘本的好工具。

段落样式：大标题/凌慧体30pt、中标题/凌慧体20pt、小标题/凌慧体14pt、内文/凌慧体9pt、章节/凌慧体30pt、页码/Ashley 12pt。

图12-89 上：作品集封面选用1.2kg的灰纸板，并自己制作网版印制单色书名，再制作彩色书衣来包覆灰纸板；下：利用色彩渐变进行章节转换，利用跨页的色彩渐层的跨页将章节转换到下一章节

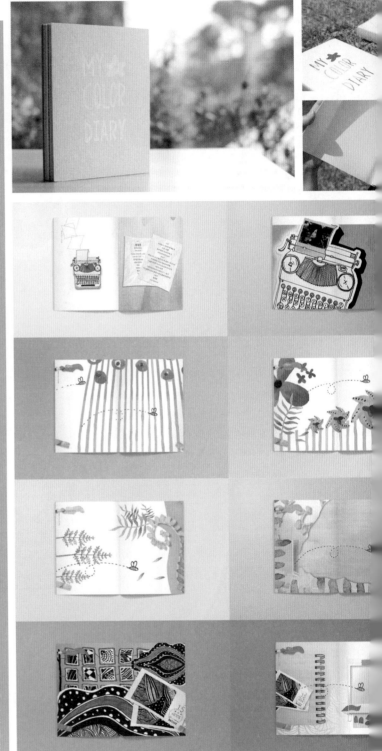

图12-90 学生为作品集设计了3款书衣，除了尝试不同的图案设计，也印在不同的纸上，甚至尝试了不同的印后处理方式，如上面的白底彩色字体的书衣版本，做了镂空的开窗，衬出蝴蝶页的鲜红色。整本作品集展现自然手绘的风格，画面中保留相当的空白处，可让设计者增加手写或手绘的记录

12.12.5 作品集｜5

孤单一人

大学三年级（当时），喜欢绘画、摄影。作品集定位：摄影作品集／求学备审资料。目前已申请赴英国就读平面设计专业研究生。

王嘉晟

图12-91 弹簧折用InDesign的十页跨页主版设定，每个摺页尺寸为12.7cm×17.8cm，是相片5cm×7cm的尺寸

01 ｜ 形式

该学生从大二开始构思本作品集，完整项目作品数量不多，考虑到未来的延伸性，选择以盒装取代书册。作品选自大二的作业及一组较完整的摄影作品，并将其定调为本作品集主轴。两套作品刚好形成黑白摄影及色彩缤纷的对比关系，但版面构成则采取了同样的主页与样式设定。将这两套作品各设计成一张展开后长130cm的横轴海报（图案连续排列），但可上下对折后再折成5cm×7cm相片尺寸的弹簧折，既是海报又是小札（单页），未来新的创作也可延续此作品集的形式慢慢累积。最后，也设计出可收纳弹簧折跟其他形式作品（如介绍作者的小册子可直接粘贴摄影作品的裱卡）的盒子。

个人简介的小册子中没有打印简介文字，而是保留空白让学生自行填写（履历或理念）。可裱贴原作的A5黑白两款厚裱卡也分别尝试了两种不同的印制方式制作。收纳的黑盒用烫金处理。盒装的优点是可自由组合内容物，不论是应聘还是申请学校皆可自行调整内容。（图12-91—图12-97）

① 尺寸：弹簧折海报（折叠尺寸12.7cm×17.8cm，展开尺寸36cm×130cm），手册15cm×10cm，裱卡23cm×15.5cm。
② 页数：展开横式海报可折叠成十页弹簧折2份，小册子约20页。
③ 材质：弹簧折海报/120g雪韵纸，手册/140g亮丽细纹纸，白裱卡/300g象牙卡，黑裱卡/255g黑黑纸，黑盒/400g黑卡上丝绒膜。
④ 加工：弹簧折海报/传统四色印刷加专色，手册/彩色激光输出，黑卡/孔版印刷，白卡/烫金，海报装订/对折+弹簧折，手册/锁线装订。
⑤ 制作成本：含盒子、两份130cm弹簧折、A5黑白裱版十张、手册，每套约合人民币1000元（传统打样，至少印制3套）。

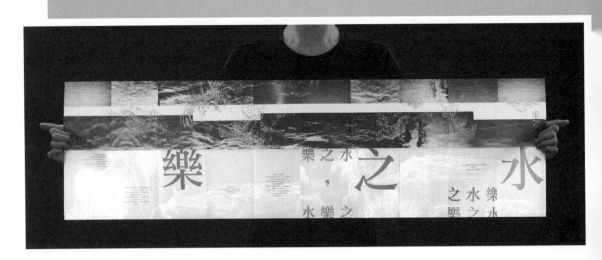

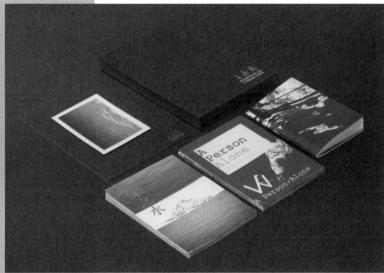

图12-92 这套作品集包含烫金外盒、黑色及白色裱卡、弹簧折两份，以及简介小手册

03 ｜设计

弹簧折海报的主页设定，计算展开最大尺寸并将其设定为文件尺寸，或建立一个多页的主版，再拉到文件页面，请参考"8.2.3 建立多页跨页"，本范例弹簧折设定是以跨页主页的设定方式进行。折叠页面的主版设定简单2栏5行、栏间距5mm的结构（图12-97）。

段落样式：大标题/Rod Regular 60pt，中标题/微软雅黑10pt，小标题/微软雅黑10pt，内文图注/仿宋9pt。
手册：小标题/American Typewriter Light 10pt。

02 ｜架构

弹簧折海报以两个基础项目的系列作品——个人符号《孤单一人》及摄影创作《乐之水》为主题。手册则汇整绘画小品（水墨、水彩、素描等）。

图12-93 弹簧折的趣味在于展开后呈现连续的海报画面。在设计时，要花较多时间在折叠与展开同时兼顾美感的呈现。横幅海报主题是两个较完整的系列作品，左：乐之水摄影集；右:《孤单一人》个人形象设计

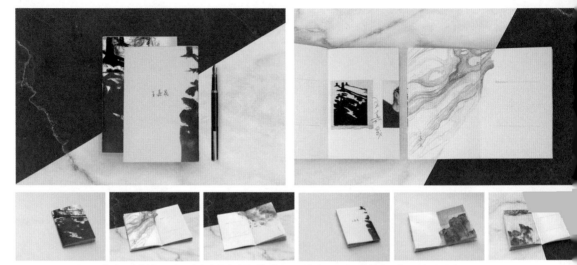

图12-94 小册子集结平时的绘画习作，保留许多空白供手写使用，让作者可以在不同阶段调整个人简介信息

图12-95 左：裱黑丝绒膜的黑色盒子加上烫金质感很细致；右：白卡运用烫金印制金色文字，黑卡是用孔版印刷印制金色点及文字，作者喜欢摄影或手绘，制作裱卡可以裱贴实作

图12-96 乐之水摄影集的设计正反面，因两面皆为满版设计，所以避开双面印刷可能产生的油墨透色问题，将两面海报同时印制在36cm×130cm的单面雪韵纸上，利用上下对折做出两面效果

图12-97 每个单页采用简单的2栏5列的结构

12.12.6 作品集 | 6

李劲毅作品集

李劲毅，大学三年级（当时），喜欢音乐相关主题的手绘及设计。作品集定位：平面作品集 / 学生作品集 / 实习就业作品集。

| 李劲毅

图12-98 这套作品集的主要形式为盒装，盒子上的文字是运用激光雕刻机切割5mm厚实木的手写字

01 | 形式

作者热爱音乐，因此作品集就以黑胶唱片的形式及尺寸进行设计。作品集含3张十字折大海报（单元作品）、可旋转仿黑胶唱片的个人简介、仿日记本的图文集（系列作品），最后制作磁性可自动扣合的盒子，将海报、简介及图文集收纳整合。

本套作品集刚开始构思时也曾考虑用书册形式规划，但因学生开始构思作品集时是大二，且固定持续进行着新作品的创作，延伸性与多元性成为本套作品集形式的主要考量，未来新的创作主题也可继续延续同样的形式。（图12-98—图12-102）

①尺寸：可旋转仿黑胶唱片个人简介/ 28cm×28cm，图文集/14.8cm×21cm，外盒/长28.5cm×宽28.5cm×高2.5cm。十字折海报（折叠尺寸28cm×28cm，展开尺寸56cm×56cm）。

②页数：十字折海报3张，图文集每册48页（共5册）。

③材质：十字折海报/180g超特铜、图文集封套/85g日晒纸+3mm灰纸板、图文集封面/180g羊毛纸、图文集内页/75g日晒纸、外盒/1.36kg灰纸板裱咖啡色120g星幻纸。

④加工：印制/双面UV输出/彩色激光输出/机器孔版印刷，海报装订/十字折，图文集/线装。

⑤制作成本：盒子、海报、简介约900元+图文集（5册）约合人民币270元。

图12-99 除了图文集外，作品集的内容包含海报、简介及展览邀请卡等

图12-100 个人简介是仿黑胶唱片的设计。运用盒装的作品集形式，可自由组装内容，除了作品集内容外，也可收纳展览海报或信息等

图12-101 百日记是后续追加的作品，也是在华山展出的一百张插画作品，再规划为作品集中的图文集，以20天为1册共5册（100天），特别制作了一个85g日晒纸的封套（背胶于0.3mm灰纸板），将5册收纳在一起

02 │ 架构

以可转动仿黑胶唱片为灵感设计的个人简介是该项目的"个人标记"作品，十字折海报则以单元作品为主题，分别为：探讨生命议题的"回存"，汇集自己最喜欢的几件插画作品，以及为自己喜欢的歌手制作出道20周年的纪念专辑。分5本小册子的图文集则是他曾展出过的用100天画的100张插画作品，20天规划1册，共5册（百日记）。

03 │ 设计

版式：海报及仿黑胶唱片简介的主版，是九宫格的结构设定，九宫格内再细分为许多细小格点，是提供更多图文排列的参考线。

段落样式：章节标题/手写，大标题/蒙纳繁长宋18pt，中标题/蒙纳繁长宋14pt，小标题/蒙纳繁长宋10pt，内文/复合字体（请参考"9.5复合字体"）中文/思源细黑体8pt、英文/数字/Century Gothic8pt，图注/思源细黑体8pt。

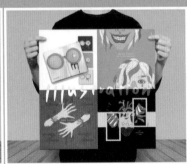

图12-102 十字折海报。左：探讨生命议题的"回存"；中：自己喜欢的插画作品；右：为某歌手出道20周年制作的纪念专辑

12.13 设计师针对作品集的建议

当作品集制作完成后，不妨听听来自专业设计师们的建议吧。在访问每位设计师各自的工作流程时（请参考"1.5 设计师工作流程"），笔者也同时询问了五位设计师对于作品集的看法，供读者思考。

Q1 年轻人在制作自己作品集的时，应该注意哪些事项？

彭星凯

先思考制作作品集的本意为何，就如同为客户设计产品前须厘清产品的本质，才会知道还有什么创意可以加上去。但在放上去之前，先想想这是自己"想放的"，还是自己"想看的"。假如是你想看的，那就成功一半了。再去搜集朋友的意见：哪些是他们会跳过的？哪些是他们会感兴趣的？然后参考朋友的意见进一步斟酌必要的内容。

我认为求职用的作品集与求学用的作品集有很大差异，后者重视个人成长脉络与不同时期的实践，前者则是要针对雇主需求，提供必要的信息，因此作品筛选非常重要。"择优"是在向雇主表现设计师的品位是否能掌握、控制自身对作品的私人情感，同时展现"藏拙"的技巧。对一位好的设计师来说，这两项能力缺一不可。

张溥辉

比较喜欢用网页呈现作品集（电子作品集）。

何婉君

少即是多，精选重点代表作，如果作品不够多，可以做一些练习的案例，把自己最好的一面展现出来。除了表现自己，也应多了解想应聘的企业。

罗兆伦

放手去做，让想法决定做法。我在看面试者的作品集时，通常第一眼会注意排版，一个好的平面设计师，不会只局限在作品表现能力上，整本作品集都是展现排版能力最好的证明。接着，我会注意的是概念，作品是否有原创性的构思来源及过程，是决定这部作品集成功与否的关键。使用软件其实并不难，但有时太多的特效堆砌反而会掩盖作品的独特性。最后，如果作品当中有加入手工的质感，对我来说也会特别加分。

周芳伃

前期设计规划很重要，根据自己的经历去多方尝试，并从自身兴趣出发，再来策划自己的作品，会让设计经验大幅提升。

所有的技法都是为了让作品有更好的呈现，不要一味地炫技。如同制作书籍一样，须了解其内容与故事方向。在包装上，也必须了解内容的特点，才能使设计符合作品气质。

规划主题还有搜集内容是需要时间的，作为作者和设计者，需要谨慎考量内容与设计的平衡。

Q2 若是收到应聘者寄来的作品集，哪一点是您最重视的?

彭星凯

我在意的是，品位与对设计的认知是否与我相投，是否能带给工作室新的面貌与刺激。我也希望作者能用"自己的方式"来表现自己，而非遵循制式的规范，如放个人照片、模拟网络上流行的作品陈列、学校社团与干部的经历、竞赛得奖经历，我通常就不会考虑。并非它们不值一提，而是"用他人的肯定来验证自己的作品""将自我形象看得太重"这些价值观会从作品集中流露出来。

事实上，我并不在意作品集做得如何，只要用邮件附上三四幅自己最满意的作品，简述求职的目的与目标，好的审阅者就能判断这位求职者的技术水平。我们工作室只聘请过一位实习生，他并没有准备作品集，我唯一知道的信息只有他的年纪与学历，看过他个人网站上的几幅作品后，就主动邀请他来面试，这些经验可提供给你们思考。

张溥辉

信件上的措辞用语是否适当，有无错字，以及收件人的名字是否写错（我名字中的"溥"字常被人写错），这些都是态度的表现。在作品部分，我会比较注意应征者在中文汉字排版上的处理表现，英文排版次之。还有会注意分工是否有写清楚，写清楚才能准确判断对方在设计上负责哪个部分。

何婉君

美感，谦虚且积极的态度。

罗兆伦

想法。作品背后的想法胜过技法。

周芳伃

内容清楚，能表达自己的特点；这是同事、前辈、朋友讨论过的作品集最该注意的事情。

制作作品集应先了解自己的特长，"如何展现特长"和"如何包装自己"是不一样的。制作漂亮，但重点零散的作品，如同一本精美却没有内容的摄影集，是很难说服对方的。很多能力须慢慢培养，多外出看展览，多阅读相关读物，所看所学的养分才会内化成自己的能力。

致　谢

美学学习的开端始于台湾艺术大学。

24岁赴美国波士顿进修平面设计硕士并辅修金工专业。

26岁创立Facade Design Studio。

28岁开启在大学教书的生涯。

38岁与先生带着3岁的女儿赴澳大利亚墨尔本进修博士。

51岁完成与我共生共存十几年的博士学位。

Usher（引座员）是西方电影院里，穿着红色正式套装、拿着手电筒，为观众在黑暗中带位的验票员，48岁时与先生以"Usher"之名成立工作室，就是期许自己跟Usher一样，为学习者打光引路。

"老师最棒的书，是学生"。学生如各个类别的书，值得阅读或收藏。前筑点设计总监兆伦，为本书提供了宝贵的人力资源。韦辰、澐珩、蓓萱、玫慧、明哲都是本书美术设计功不可没的助理。本书的采访及摄影则放心地交给宗谕、昱钧、宛以协助执行。

老师不是修正对错的红笔，更像是标示重点的标记者。感谢陈安、薰文、婕娪、蓓萱、嘉晟、劲毅一年多来克服时空限制，完成了6套凸显个人特质、形式及风格的作品集。感谢玄瀚、怡妏、芷宁、隅果、皞皞团队、人人团队同我们分享宝贵的作品。在校师生关系最多4年，但毕业后的交流恒久远，记忆如底片重复曝光，堆砌出许多层次丰富的美好，凡走过必留下痕迹。

致已故恩师王铭显校长，长官萧耀辉教授、于第教授，及好友国荣老师，他们给予我不间断的支持、赞美及期待，是我前进的动力。

感谢林品章教授、曾启雄教授毫不犹豫地答应为我撰写推荐序，衷心敬仰您们对学术的执着及提携后辈的宽怀。心中最优秀的学生如蕙及设计师赖佳玮，谢谢你们用专业年轻人的视角检视本书并给予推荐。

最后，最大的感激仍献给澳大利亚皇家墨尔本理工大学的Dr. Laurene Vaughan院长及Dr. Linda Daley教授，12年来，不断给在博士旅程中迷路徘徊的我，无限大的包容与指引，这种爱无比伟大。家人更是我生命中最大的支柱。

30年来，从设计的学习到设计的应用，至最后设计教育的实践，这就是所谓的"设计的品格"。

主要工作团队成员：王昱钧、李宗谕、邵昀如、李玟慧、潘怡妏、陈宛以

昀如在拜访印刷厂的回程中与助理林韦辰合影

著作权合同登记号桂图登字:20-2024-037 号

图书在版编目(CIP)数据

设计的品格 / 邵昀如著 . —桂林:广西师范大学出版社,2024.7

ISBN 978-7-5598-6934-0

Ⅰ. ①设… Ⅱ. ①邵… Ⅲ. ①电子排版 - 应用软件
Ⅳ. ① TS803.23

中国国家版本馆 CIP 数据核字 (2024) 第 093924 号

设计的品格
SHEJI DE PINGE

出 品 人:刘广汉
责任编辑:冯晓旭
装帧设计:六 元
广西师范大学出版社出版发行
广西桂林市五里店路 9 号　　邮政编码:541004
网址:http://www.bbtpress.com
出版人:黄轩庄
全国新华书店经销
销售热线:021-65200318　021-31260822-898
恒美印务(广州)有限公司印刷
(广州市南沙区环市大道南路 334 号　邮政编码:511458)
开本:787 mm × 1 092 mm　　1/16
印张:20.5　　　　　　字数:340 千
2024 年 7 月第 1 版　　　2024 年 7 月第 1 次印刷
定价:128.00 元